AF586038

L'OBSERVATEUR FORESTIER,

OU

OBSERVATIONS

Sur l'ordonnance de 1669, comme cause principale du dépérissement des forêts, et sur les moyens pratiques de les améliorer; avec des réflexions sur les plantations particulières.

Adressé au Gouvernement.

Par M. FANON, propriétaire.

A PARIS,

Chez MICHELET, Imprimeur-Libraire, rue Française, n° 3.

Et chez PETIT, Libraire, Palais du Tribunat, galerie vitrée.

A CRÉPY,

Chez ROUGET, Libraire, grande rue.

An XIII, — 1804.

ERRATA.

Page 7, ligne 17, au lieu de Reaumu, *lisez* Reaumur.

Page 9, ligne 14, au lieu de et le vice, *lisez* et ce vice.

Page 10, lig. 28, au lieu de conservées, *lisez* conservé.

Page 14, ligne 19, au lieu qu'ils les ayent aperçus, *lisez* qu'ils les ayent aperçues.

Page 16, ligne 4 au lieu de ces derniers, *lisez* de ces dernières.

Page 20, ligne 13, au lieu de ne présente, *lisez* ne présentent.

Page 21, ligne 2, au lieu de paraît, *lisez* paraîtrait.

Page 25, ligne dernière, au lieu de paraîssaient, *lisez* paraîssait.

Page 26, ligne 18 au lieu de il paraît démontrer, *lisez* il paraît démontré.

Même page, ligne 23, au lieu de plus de façon, *lisez* plus de façons.

AVANT PROPOS.

Le dépérissement graduel de nos forêts avait depuis long-tems fixé l'attention de l'ancien gouvernement. Les secours en nature dont il éprouvait de plus en plus la privation, jointe à la crainte de la cessation entière d'une branche de revenu si importante, domt l'état était menacé depuis plus d'un siècle, l'avaient déterminé à prendre des mesures pour arrêter le mal et le réparer : mais faute d'observations qui en fissent connaître les causes et indiquassent le remède, tous ses efforts se sont bornés à quelques essais trop dispendieux pour être suivis.

Le gouvernement ayant manifesté l'intention de régénérer cette partie, quelques bons citoyens ont donné leurs vues sur cet objet. Invité moi-même par M. Cambri, ex-préfet du département de l'Oise, lors de son passage à Crépy, de lui donner des moyens pratiques pour l'amélioration de nos forêts, je lui ai fait passer un petit mémoire, dont j'ai eu l'honneur de faire présenter copie à sa Majesté Impérial, par M. Duroc.

Plusieurs personnes instruites m'ayant fait des reproches de n'avoir donné que des principes trop succints, et m'ayant engagé à profiter de mes nombreuses observations, pour éclairer et approfondir davantage cette partie si peu connue et si essentielle de l'économie politique ; depuis ce temps, j'ai vérifié celles que j'avais anciennement faites ; et cette vérification m'a procuré l'occasion d'en faire de nouvelles : mais comme elles ne peuvent être utiles, qu'autant qu'elles seront mûrement examinées ; pour m'en assurer, je n'ai trouvé d'autre moyen que de les adresser au gouvernement.

Dailleurs, sa Majesté en acceptant les rênes de l'état, a invité tous les français de se réunir à elle et de lui faire part de leurs observations relatives au bien général.

Cette franchise qui prouve la pureté de ses intentions, en leur inspirant la plus grande confiance, impose à chacun d'eux l'obligation de lui mettre sous les yeux les objets qui, par leur importance, doivent le plus efficacement remplir le but qu'elle se propose.

Ses vertus militaires ont étonné l'Europe, et l'Europe admirera le restaurateur de la France !

Les regards de sollicitude qu'elle porte en même tems sur tous les objets, au milieu du tumulte des armes qu'un ennemi sans foi l'a forcé de reprendre, prouvent que la France ne peut plus avoir de rivale ; et que, quelques puissent être les derniers efforts du désespoir des ministres anglais, elle saura les rendre inutiles.

De tous les grands projets de restauration qui occupent le gouvernement, les bois comme un des objets de première nécessité, comme base des forces navales et comme faisant partie essentielle des revenus publics, fixant plus particulièrement son attention ; en lui rendant compte de mes observations suivies sur les causes de l'état désastreux de nos forêts, et en lui proposant des moyens d'amélioration indiqués par la nature elle-même, je m'acquitte d'un devoir envers la patrie, au bonheur de laquelle chaque citoyen doit contribuer autant qu'il est en lui.

Mais comme le gouvernement peut seul faire usage de ces moyens ; si après les avoir fait mûrement examiner, il trouve qu'ils soient capables d'opérer tout le bien qu'on doit en attendre, je dois désirer qu'ils lui parviennent.

Si je m'étais trompé sur quelques résultats ; des observations faites et réitérées depuis plus de trente ans avec la plus grande exactitude, sur une matière qui ne peut être connue par aucun autre moyen, et qui, en démontrant les causes premières de dépérissement qui ne me paraissent pas avoir encore été aperçues, offrent en même tems des moyens aussi simples qu'efficacs et peu dispendieux pour l'amélioration générale de nos forêts; ces observations, dis-je, devant nécessairement être très-utiles, ne fusse que comme simples observations, je ne doute pas que le gouvernement ne les fasse sérieusement examiner.

Je l'invite aussi de se faire rendre un compte exact de mes réflexions sur les plantations particulières; les faits qui y sont exposé, lui prouveront l'urgente nécessité de faire cesser des désordres qu'il aura peine à croire.

J'avais imaginé d'abord, que mon sujet exigeait de grands développemens, et mon ouvrage était commencé sur un plan beaucoup plus étendu: mais en réflechissant, j'ai sentis que ne voulant être qu'utile, je devais me borner à poser les principes, exposer les faits, et leurs résultats, et à n'entrer que dans les détails absolument nécessaires, afin d'être assez clair et assez précis pour être entendu de tout le monde.

Si par la foiblesse de mes talens je n'ai pu parvenir à ce but, du moins telle a été mon intention; et c'est par la même raison, que j'ai fait un article séparé pour les plantations particulières.

Je crois devoir prévenir que, quelque soit l'autorité des écrivains qui ont mis au nombre des causes principales de dépérissement des forêts, le luxe et les arts, on ne peut raisonnablement les admettre. Il n'en existe d'autre que leur mauvaise exploitation, jointe à un vice essentiel dans les emménagemens, et aux dévastations plus ou moins grandes qui ont toujours existé.

J'ai de la peine à concevoir qu'on puisse sérieusement

proposer la réduction des forges et usines, des verreries, des martinets, des papeteries, des fours à chaux et à tuile, des filatures de soye et de la culture du murier; parce que cette branche de commerce de luxe, ainsi que toutes les manufactures où l'on emploie le feu, consomment trop de bois, et ruinent nos forêts.

Tous les terreins quelconques, n'ayant de valeur que par la consommation de leurs produits, les manufactures et plus particulièrement celles qui employent une plus grande quantité de matière du cru, étant une des sources principales de la richesse et du commerce d'une nation agricole, qui, comme la France, possède un vaste territoire, aussi fertile que varié dans ses productions; il est du plus grand intérêt de chercher tous les moyens de les multiplier; et la régénération de nos forêts est sans contredit un des plus efficaces : d'ailleurs l'expérience démontre que dans toutes les parties de l'agriculture, la consommation est le seul moyen de reproduction.

Si l'on n'eût pas laissé dépérir nos forêts, et qu'elles eussent toujours produit la quantité immense de bois qu'on a lieu d'en attendre; étant mieux exploitées et emménagées, loin de détruire, nous serions forcés d'augmenter les moyens de consommation utile, par de plus nombreuses manufactures qui, en alimentant le commerce extérieur par l'exportation de l'excédent de la consommation intérieure des objets manufacturés, enrichiraient l'état par de gros bénéfices, et donneraient au bois une valeur vénale, qu'aucune espèce de production du cru ne peut obtenir que par ce moyen.

Ce ne sont donc pas les manufactures qu'il faut diminuer pour épargner le bois; c'est au contraire le bois qu'il faut multiplier pour augmenter le nombre des manufactures.

On peut avancer avec certitude, que les produits de

nos forêts bien exploitées et emménagées avec des soins raisonnés, doivent nécessairement doubler; et en examinant avec attention le nombre infini de clarières et l'immensité des petites et grandes parties incultes dans l'intérieur et le pourtour des bois en général, on se convaincra facilement, que cette prétention n'est point du tout exagérée : quand à moi, d'après l'examen sérieux que j'en ai fait, je suis bien persuadé qu'ils doivent être encore beaucoup plus considérables.

Sans doute il est bien essentiel d'économiser une matière qui est d'autant plus précieuse qu'elle devient tous les jours plus rare; et l'extraction de tous les charbons fossiles doit être encouragée, non seulement dans ce moment de détresse, pour suppléer à la disette du bois, mais encore dans tous les tems; parce qu'en en diminuant la consommation intérieure, quelqu'en puisse être l'abondance par la suite, cette économie doit nécessairement augmenter la masse des richesses nationales, en procurant à l'état des revenus plus considérables, et en fournissant au commerce des objets d'échange très-avantageux.

Depuis plus d'un siècle et démi, on ne cesse de craindre et d'annoncer la disette du bois, et au moment où elle commence à se faire sentir d'une manière très-inquiétante, à peine avons-nous quelques notions sur les causes de dépérissement des forêts et sur les moyens de les améliorer.

On voit avec étonnement, que dans ce laps de tems, les arts et les sciences, et particulièrement la phisique, ont fait les progrès les plus rapides; et que toute les parties de l'agriculture touchent pour ainsi-dire à leur perfection; tandis que celle des bois est encore couverte des ténèbres de l'ignorance.

M. de Buffon écrivait, il y a à-peu-près 50 ans, que

le bois suffisait à peine aux besoins indispensables ; que si notre indolence durait ainsi que notre indifférence pour la postérité, et que si la police des bois n'était pas réformée, il était à craindre que les forêts qui étaient la plus noble partie des domaines de la couronne, ne se trouvassent détruites, sans espérance prochaine de renouvellement ; que ceux qui étaient préposés à la conservation des bois, se plaignaient eux-mêmes de leur dépérissement ; qu'il ne suffisait pas de se plaindre d'un mal qu'on ressentait déjà, et qui ne pouvait qu'augmenter : enfin il finit par inviter tous les bons citoyens de publier les expériences et les réflexions qu'ils peuvent avoir faites à cet égard : et il ajoute que pour s'instruire, après avoir lu le peu que nos auteurs d'agriculture disent sur cette matière, il a été forcé de s'attacher à quelques auteurs anglais qui lui ont paru plus au fait, et qu'ayant d'abord voulu suivre leurs méthodes, il n'a pas été long-tems à s'apercevoir qu'elles étaient ruineuses, et qu'en les suivant, les bois avant que d'être en âge lui auraient coûté dix fois plus que leur valeur ; enfin, que ne trouvant rien dont il puisse profiter, il a été obligé de commencer par les expériences préliminaires, pour acquérir les premières notions.

On sait qu'il en a fait d'innombrables dont la dépense énorme a été en pure perte ; ainsi qu'il en convient lui-même ; et celles que je rapporte, peuvent seules être utiles à l'amélioration des forêts.

Quelqu'étonnant que paraisse d'abord le peu de connaissances acquises sur la culture des forêts ; en réfléchissant sérieusement, on se convaincra que la cause existe dans la nature de la chose même : car on ne peut se dissimuler que l'intérêt particulier étant le seul mobile des actions de la presque totalité des hommes, ils n'agissent que d'après ce principe naturel ; l'amour de bien public n'étant qu'une vertu de réflexion qui naît de la perfection des mœurs sociales.

M. de Buffon est assez philosophe pour convenir de bonne foi, que des vues d'utilité particulière, autant que de curiosité de physicien, l'ont porté à faire exploiter ses bois taillis sous ses yeux et à faire des expériences : mais dans le petit nombre de personnes qui possèdent des bois d'une certaine étendue ; il y en a très-peu, peut-être pourrait-on avancer qu'il n'en existe pas qui, avec un génie aussi supérieur, réunissent d'aussi vastes connaissances : or, s'il n'a pu faire que les premiers pas dans la carrière, en ouvrant la marche, que peut-on espérer du reste des citoyens qui ne voyent dans les bois, qu'une production qui se renouvelle naturellement, et qu'il suffit de garantir des dévastations et sans y attacher aucun intérêt direct.

Quelques physiciens célèbres, tels que M. de Reaumu ont fait des remarques sur l'état des forêts du royaume, et ils indiquent des expériences à faire ; et ces expériences consistent à couper et pezer tous les ans le produit de quelques arpens de bois, pour comparer l'augmentation annuelle et reconnaître au bout de quelques années l'âge où elles commencent à diminuer : d'autres pour parvenir au même but, ont proposé de mesurer au compas la diminution des couches annuelles ; peut-être, par ces moyens ingénieux et bons en eux-mêmes, on parviendrait à constater l'âge fixe des coupes des taillis et des futaies. Un particulier qui ne possède que quelques arpens de bois pourrait à la rigueur en faire l'essai, mais on est forcé de convenir, qu'ils ne peuvent être employé en grand dans nos forêts ; parce qu'ils seraient trop dispendieux et trop embarrassant ; et que d'ailleurs, il faudrait abattre d'avance une grande partie des bois, pour sçavoir s'ils doivent être abattus.

Pour obtenir tous les avantages que doivent nous procurer nos bois en général, il faut donc chercher les moyens les plus simples et les moins dispendieux ; la nature nous les indique : mais comme on ne peut y parvenir que par des observations longues et pénibles, et souvent par des sacrifices pécuniaires, et que l'assiduité qu'elles exigent pour s'assurer des résultats, oblige à de fréquentes démarches dans les forêts et par conséquent à une perte de tems très-considérable, on ne peut se dissimuler, que n'étant mu par aucun intérêt particulier, il faut un courage excité et soutenu par la passion du bien public, passion si rare, qu'elle est souvent tournée en ridicule et regardée comme une manie dans le petit nombre d'individus qu'elle domine.

Je crois donc que d'après ces réfléxions, on ne peut douter que toutes ces difficultés réunies ne soyent la cause immédiate du peu de progrès de nos connaissances sur la culture des bois.

L'OBSERVATEUR FORESTIER,

OU

OBSERVATIONS

Sur l'ordonnance de 1669, comme cause principale du dépérissement des forêts, et sur les moyens pratiques de les améliorer; avec des réflexions sur les plantations particulières.

La diminution générale des bois en Europe, et particulièrement en France, où le prix devenu excessif commence à faire sentir la disette prédite depuis si long-temps, doit faire prendre les moyens d'en arrêter les dégradations, et d'en opérer le rétablissement d'une manière prompte et efficace.

Le gouvernement a prouvé toute sa sollicitude à cet égard, en régénérant les administrations forestières. Sans doute avec des moyens répressifs, il est facile de faire cesser les déprédations causées par les suites inévitables d'une grande révolution; mais la cause principale du dépérissement de nos forêts tient à un vice dans l'exploitation et plus particulièrement dans la manière de les emménager, et le vice ne me paraît pas être encore bien connu.

La propriété des forêts ayant toujours été réservée aux

souverains, et les plantations de moindre étendue à leurs grands vassaux, ou aux gros propriétaires; le reste des citoyens dont la plupart ne tiennent les terres labourables qu'à titre précaire, ne se sont jamais occupés que de la culture des productions annuelles; telles que le bled, la vigne, etc. que l'intérêt personnel a trouvé moyen de perfectionner.

Les bois au profit desquels ils se regardaient comme étrangers, n'ont jamais été envisagé par eux, que comme un objet nuisible à leurs récoltes; soit par l'ombrage des grands arbres, soit par les accrues, soit enfin par le gibier qui dévorait leurs moissons à de grandes distances.

La culture des bois a donc dû être extrêmement négligée, et par conséquent peu connue : cette ignorance et ces préjugés existent encore dans toute leur force.

Dans les tems les plus reculés de la monarchie, moins de consommation en tout genre, laissant toujours les forêts emménagées au-delà des besoins; il n'y avait à cet égard aucun sujet d'inquiétude; aussi les premiers réglemens bien connus, ne datent que du treizième siècle; et ce ne fut que sous Philippe-le-Bel, que les administrations forestières ont été créées sous la dénomination de maîtrise des eaux et forêts : mais sans autre but, que d'augmenter les revenus de la couronne, et de se conserver exclusivement les plaisirs de la chasse.

Depuis cet époque, les administrations ont toujours conservées le même titre, et les réglemens ont été modifiés d'après des circonstances particulières, ou par le caprice des ministres, ou par l'intérêt particulier des maîtrises.

Après l'entière civilisation de l'Europe, et plus particulièrement depuis la découverte de l'Amérique; la nécessité des constructions navales ayant fait sentir l'importance des forêts, toutes ont été régies dans l'intention de conserver : mais faute d'observations, des moyens souvent destructeurs et même contraires au but qu'on se proposait, ont été employés.

L'ordonnance de 1669 qui n'est que la confirmation de celle de 1573, en est une preuve convaincante. Le but qu'on se proposait, en ordonnant de réserver la majeure partie des forêts en massifs de futaie, sans aucun tems limité pour les coupes, était d'assurer à la France des bois de constructions de toutes espèces, et pour tous les temps; mais les auteurs de ce projet n'avaient pas réfléchi, que dans le plan de la nature, ses productions ont un terme au-delà duquel elles doivent nécessairement finir, et que les êtres vivants ou végétants, sont plus particulièrement soumis à cette loi; que dans tous les animaux il existe une cause de mort naturelle, indépendante de toute maladie ou autre accident.

Les personnes un peu instruites, savent qu'en supposant dans l'homme une vie exempte même d'infirmités, en avançant en âge, les mucilages se durcissent et deviennent cartilagineux, les cartilages osseux; qu'enfin, les os parvenus à un dégré de densité qui intercepte la circulation des sucs nourriciers dans toutes les parties du corps, amènent une mort nécessaire.

La même cause et les mêmes effets existent pour les arbres parvenus à un période où les couches ligneuses ayant acquises la plus grande densité possible, la sève ne circulant alors, qu'autant qu'il faut pour produire au printems quelques feuilles languissantes, ils se couronnent insensiblement; et ne conservant plus au bout de peu d'années, qu'un reste de sève sans circulation, ils finissent par se corrompre.

J'ai eu occasion d'observer plusieurs fois dans la forêt de Compiégne, lors de l'exploitation de ces parties connues sous le nom de *bois sur le retour*; et sur beaucoup d'arbres de la même espèce, qui sont souvent renversés ou rompus par les ouragans; que des chênes d'environ 80 pieds de hauteur sur une grosseur qui dans ces anciennes futaies, n'est jamais proportionnée à cette même hauteur, étaient non pas défectueux par place, mais généralement d'une teinte rembrunie tirant sur le gris, et dans certains, cette même teinte tirant sur le rouge et comme imperceptiblement marbrée; (ce qui annonce dans ces derniers un plus grand degré d'altération), que ces bois sont extrêmement tendres, et ne présentent aucune solidité pour les constructions en général, et sont absolument incapables d'être employés pour la marine.

J'ai vu beaucoup de marchands qui avaient exploités de ces réserves, et un très grand nombre d'ouvriers qui tous m'ont assuré que mes observations étaient conformes à ce qu'ils avaient toujours vu eux-mêmes; ce qui doit paraître d'autant moins étonnant, qu'il y a dans ces coupes des parties qui ont deux cents ans et même beaucoup plus.

Or, il est facile de concevoir que l'âcreté des sels contenus dans la sève, et que l'humidité intérieure maintient dans l'état de dissolution, se trouvant faute de circulation, fixés dans les interstices des couches ligneuses et dans les tuyaux capilaires, en détruisant l'élasticité de ces couches, doit nécessairement opérer ce premier degré de composition.

Une preuve certaine, que cet effet ne peut être attribué à d'autres causes, c'est que la forêt de Villert-Cottret qui tient à celle de Compiegne, et qui était dans l'apanage du duché de Valois, possédée par la maison d'Orléans qui en a toujours fait les coupes à des tems beaucoup plus approchés, quoiqu'exploitée en massifs de futaie, n'offre que très-peu de sujets semblables. D'ailleurs, l'expérience démontre que dans ces réserves, il périt insensiblement une très-grande quantité d'arbres qui dégarnissent le terrein ; parce que sa qualité ou son peu de profondeur dans ces endroits, n'a pu fournir assez de sucs propres à leur nature pour les faire subsister plus long-tems ; ce qui, joint aux ouragans, forme des clarières qui suivant leurs positions respectives, exposent aux rayons du soleil les arbres restant, auxquels ils donnent des directions différentes de celles qu'ils avaient primitivement, dans les tems où plus serrés, l'action de l'air et du soleil qui ne pouvait avoir lieu que sur leurs cîmes, les attiraient perpendiculairement ; et l'on ne peut douter, que cette action continuelle qui fait monter la sève avec vîtesse, vers cette partie, ne soit la cause immédiate de la disproportion de la grosseur de ces arbres avec leur hauteur.

D'abord, il est constant que les arbres qui ont cru en futaie pendant long-tems, ne croissent plus, ou du moins très-peu, quand ils se trouvent exposés à l'air. Or, si l'on fait attention que leur grosseur n'est jamais proportionnée à leur hauteur, on se convaincra facilement, qu'ils doivent céder sans peine aux efforts des vents qui règnent le plus constamment dans notre climat, tels que ceux du *Sud-Ouest* et de l'*Ouest* : ce qui leur donne nécessairement une courbure qui rend les couches ligneuses excentriques, et occasionne par conséquent la rareté des pièces de longueur dont on se plaint depuis si long-tems : car en supposant un chêne de 80 pieds de hauteur, si l'excentricité de ses couches commence à 20 ou 25 pieds, on est forcé de le scier à cette longueur, pour tâcher de retrouver une seconde ligne droite au bout de laquelle il faut encore faire la même opération, de sorte que les plus grands arbres ne fournissent que de courtes pièces.

D'après ce premier aperçu, on ne peut disconvenir qu'il eût été difficile pour les auteurs du projet des futaies en massifs, de trouver un moyen plus directement opposé au but qu'ils se proposaient.

Je ne calculerai point ici la perte des revenus annuels, dont ce genre d'exploitation a privé l'état depuis plus d'un siècle, ni celle que l'immensité des parties de nos plus belles forêts, devenues stériles par ce désastreux systême, doivent lui causer encore ; le gouvernement en connaît toute l'étendue.

Mon seul but en lui faisant part de mes observations est de lui mettre sous les yeux les moyens qui paraîssent le mieux d'accord avec la nature, pour détruire la cause du mal et le réparer le plus promptement possible.

On a beaucoup écrit depuis quelques tems sur l'amélioration des forêts ; et tous les bons citoyens qui s'en sont occupés, ne me paraîssent point avoir fait d'observations sur les causes premières de leur dépérissement, du moins, rien ne prouve qu'ils les ayent aperçus.

Dans le nombre, on doit distinguer M. Pannellier d'Annel qui a joint à la théorie une longue pratique que lui a procuré l'ancien gouvernement, en le chargeant de l'emménagement de terreins considérables dans la forêt de Compiégne.

En conseillant de substituer au funeste systême des massifs en futaie, la méthode des futaies sur taillis, qui est sans contredit la meilleure qu'on puisse suivre, a-t-il bien pris les moyens de réussite dont il avait donné l'assurance? C'est ce qu'il est important d'examiner.

Abstraction faite de très-petites portions absolument dénuées de matières végétales, tous les terreins sont susceptibles de donner des productions : mais pour qu'elles acquièrent leur entier développement, il faut que la nature de ces mêmes terreins soit analogue à chaque espece particulière : or, comme ceux des forêts sont extrêmement changeants, même à de très-petites distances ; il est impossible que la même espèce d'arbre puisse réussir dans la totalité des vastes parties sur lesquelles on les plante.

L'expérience démontre que dans la terre franche très-profonde, le chêne croît promptement, prend une belle forme, et acquiert la meilleure qualité; qu'après cette espèce de terre, celles qui lui conviennent le mieux, sont les argiles de toutes couleurs, pourvu qu'elles ayent de la profondeur : mais que celle dans laquelle il croît le plus facilement et devient le plus beau, est l'argile rouge tirant un peu sur le roux vif; qu'il réussit aussi très-bien sur les terreins composés de ses diverses espèces; qu'enfin, il pousse (quoique moins vigoureusement) dans les glaises mélangées de marnes ou d'autres matières légères (*); que le hêtre prospère facilement sur les terreins légers et peu profonds ; que le charme ne réussit bien, que dans un sol gras et d'une certaine profondeur ; que le frêne ne doit être planté que dans des terres un peu légères ou sabloneuses, et dans des sables noirs un peu frais; qu'enfin l'orme peut prospérer sur ces divers terreins, pourvu qu'il soit planté avec intelligence aux différentes profondeurs qu'exigent ces mêmes terreins. L'érable, l'alizier, le cochêne, le sicomore, le chataignier, réussissent parfaitement dans les terreins médiocres.

Le merisier, le tremble, le bouleau, le tilleul, les peupliers et généralement toutes les espèces connues sous la dénomination générique de bois blancs, ne doivent

---

(*) Il faut cependant en excepter la glaise bleue, qui n'étant presque jamais mélangée d'autres matières, est pour ainsi dire imperméable pour la densité et son extrême tenacité.

être admises dans l'emménagement des forêts, que quand le sol se refuse aux premières espèces ; les terreins maigres extrêmement legers ou sabloneux, doivent être meublés de ces derniers, qui y réussissent bien.

Je m'arrête ici : la préparation du terrein a été la même pour la totalité des neuf à dix mille arpents que M. Pannellier a planté tout en chêne ; du moins dans les grandes parties que j'ai été à portée de parcourir, je n'ai point aperçu d'autre espèce. Les semis après avoir été remplacés plusieurs fois, ont bien réussi, et ils ont crû avec une vigueur qui a donné les plus grandes espérances. L'été dernier, j'ai eu occasion de revoir ces mêmes plantations qui peuvent avoir de 25 à 30 ans, et que j'avais perdues de vue depuis plus de dix ; j'y ai remarqué dans certaines parties, beaucoup de jeunes chênes de la plus belle venue, dans d'autres, j'en ai vu qui croissent peu, et dont une très-grande quantité commençent à devenir rabougris, et enfin une infinité de grandes lacunes causées par ceux qui périssent annuellement.

Pourquoi ces arbres plantés en même tems, avec les mêmes procédés, qui ont été également soignés, présentent-ils déjà ces disparates ? Si l'on vérifie les observations exactes dont je viens d'exposer les résultats, on sera convaincu qu'ils doivent nécessairement augmenter avec le tems ; parce que les plus beaux chênes se trouvant dans un terrein qui convient à cette espèce, croîtront toujours avec vigueur, et que ceux qui ont aussi poussé d'abord avec cette même vigueur, ne s'arrêtent que parce que ne trouvant déjà plus dans la profondeur du sol qu'ils occupent, la terre qui leur est propre, ils doivent nécessairement cesser de croître, et ceux qui sont rabougris périr insensiblement.

Je sais qu'en recepant ces jeunes plans, ils repousseront plus vigoureusement, et que d'ailleurs l'intention de M.

M. Pannellier ayant été d'en faire des futaies sur taillis, on ne réservera que les plus beaux arbres : mais si l'on conçoit bien ce que doit être une futaie sur taillis, on verra que ce même taillis qui doit être exploité à des époques marquées, à chacune desquelles on doit réserver un certain nombre de baliveaux, doit finir par être garni d'arbres espacés à-peu-près également sur toute la surface, et qu'alors, il sera ce qu'on entend par futaie sur taillis. Eh bien ! on recepera le jeune plan et on ne réservera pour baliveaux que les plus beaux arbres; mais ces plus beaux arbres ne sont pas répandus également, puisqu'ils n'occupent que certains espaces; sans doute ceux qui languissent, et même ceux qui sont rabougris étant recepés, repousseront d'abord avec une certaine vigueur, mais leur crûe sera toujours dans la proportion de leur état actuel, dont la mauvaise qualité du terrein est la seule cause; et par conséquent, ils ne pourront jamais produire des sujets capables de former en futaie les parties qu'ils occupent.

M. Pannellier se plaint qu'on coupe les taillis trop jeunes, et il veut qu'on ne le fasse pas plutôt que 20 ans, ni plus tard que 40; cependant, l'expérience démontre qu'il y a des terreins où, passés dix à douze ans, le bois cesse de croître; et que si l'on attendait au terme de vingt, non-seulement le produit des huit années serait en pure perte pour le propriétaire, mais que le taillis dépérirait; et cela, parce que le terrein en est si pauvre, qu'il ne peut fournir de substance à un plus grand volume que celui auquel les trochées sont parvenues à cette époque. (Cette preuve qui n'est point équivoque certifie ce que j'avance) Or, les parties de ses plantations dont l'une est déjà languissante, quoiqu'à une hauteur très-médiocre, et dont l'autre commence à devenir rabougrie, et périt insensiblement, annonçant le défaut d'analogie du terrein avec l'espèce de plant dont il se trouve meublé, on conçoit sans peine l'impossibilité d'en obtenir jamais des arbres capables d'en former une futaie telle qu'on se le propose.

Le projet des futaies sur taillis, je le répète, est le seul moyen de tirer de nos forêts tout le produit qu'on doit en attendre, en raisonnant le projet de manière à ne laisser aucune partie sans être plantée d'espèces quelconques suivant la nature du terrein : mais les âges fixes des coupes et par-conséquent des baliveaux, ainsi que le nombre de chaque espèce, ne peut être l'objet d'une convention absolue, et encore moins celui d'une loi qui astraigne à en réserver une quantité déterminée, de telle ou telle autre espèce par arpent; tout cela dépend uniquement de la qualité des divers terreins : la nature qui se refuse si souvent à tous ces arrangemens et à toutes ces lois, doit être notre seul guide; et nous devons la suivre pas-à-pas.

Comme le chêne est d'une utilité générale pour toutes les constructions de terre et de mer, et qu'il est la base du produit de nos forêts, sa multiplication doit être le but principal des emménagemens; toutes les terres qui lui conviennent, doivent être plantées de cette espèce exclusivement à toute autre.

Cependant, en supposant une vaste partie de forêt dont la totalité du terrein serait de la meilleure qualité possible, et la plus propre à être emménagée en chêne, devrait-on n'y planter que cette seule espèce? L'affirmative ne paraît pas douteuse dans la spéculation : néanmoins, en consultant la nature, on verra qu'il serait plus avantageux de ne pas le faire.

Depuis que l'homme exerce l'art divin de l'agriculture, l'expérience lui a démontré que chaque plante ne tire de la terre que les particules de matières qui lui sont analogues, et que ce n'est qu'en variant les productions sur la même terre, que le cultivateur en obtient d'abondantes.

En plantant sur le terrein supposé, des chênes à la distance ordinaire, comme ils poussent de grosses racines qui s'enfoncent profondément, sans doute ils formeront de beaux arbres; mais les racines collatérales qui poussent en tous sens, finissent par se joindre et même se croiser, elles occuperont la totalité du terrein; or, comme tous ces arbres en tireront tous les sucs qui leur sont analogues, et que la prodigieuse quantité de leurs racines trouveront moyen de les épuiser; il est certain qu'alors ils cesseront nécessairement de croitre et que leur développement ne sera jamais tel qu'on eût pu l'obtenir en les éloignant davantage.

Sans perdre un terrein si précieux, il est un moyen facile de leur procurer tout le développement dont ils sont susceptibles; ce qui doit nécessairement arriver en doublant leur espace et en les remplissant d'autres bonnes espèces qui courrent à la superficie de la terre; comme l'orme, le charme, et à la rigueur le frêne, dans les endroits très-bas, où la terre est toujours plus fraiche et plus légère; ce qui procurerait l'avantage inapréciable d'obtenir dans tous les bons terreins, les plus beaux sujets possibles dans les espèces les plus précieuses.

Il est aisé de concevoir, que par ce moyen, on doublerait les sucs propres à l'accroissement des chênes qui ne les tirent que de la profondeur du terrein et que ceux qui ne les tirent que de la superficie, seraient également doublés sans la moindre perte de ce terrein.

Je dois cependant observer ici, que M. de Buffon dans sa partie expérimentale relative aux bois, dit : « qu'il » faut bien se garder de planter le chêne avec le hêtre; » parce qu'ils poussent tous deux de grosses racines dans » la profondeur du terrein ».

Si ce grand homme eût été à portée d'observer de grandes

parties de la forêt de Compiégne et notamment celles qui avoisinent la vallée d'Automne, il aurait vu de hautes futaies de hêtre, peut être les plus belles de nos forêts, dont les racines ne s'enfonçent pas à plus de deux pieds et qu'il y en a même beaucoup qui ne vont pas à 18 pouces.

Il y a peu d'années où les ouragans ne renversent de ces hêtres qui, en tombant, enlèvent tout le terrein dans lequel ils sont plantés. J'en ai vu qui avaient enlevé des surfaces de 12 à 15 pieds, et qui laissaient à découvert un sol composé de matières calcaires, dans lequel ils n'avaient poussés aucune racine.

Ces enlèvemens de terrein à la surface, et qui ressemblent si bien à des pans de murailles, ne présente que de très-petites racines et beaucoup de chevelus ; ce qui prouve évidemment que le hêtre peut être planté dans les terreins légers et peu profonds.

Mais cette observation, quoique absolument opposée à ce que M. de Buffon donne comme un précepte, peut bien ne pas détruire ce qu'il avance, et les faits annoncés par un observateur d'un si rare mérite, doivent obtenir toute notre confiance.

Il est possible, que dans toute l'étendue de ses bois qu'il exploitait par lui-même, et qui contenaient quelques hêtres, tous ceux qu'il a observé eussent poussés de grosses racines dans la profondeur du terrein, et cela prouverait seulement que le hêtre s'enfonce ainsi, quand il rencontre un terrein profond ; et que quand il le trouve de la nature de celui que j'ai observé, il croît aussi bien et même beaucoup mieux en étendant ses racines à la superficie, car il serait difficile de trouver des hêtres plus beaux, plus sains et plus élevés que ceux dont je parle.

Il résulte de ces deux observations, que dans le bon terrein dont il est question, il ne faudrait remplir les espaces entre les chênes, qu'avec l'orme, le charme et le frêne dans les endroits les plus bas; parce que d'après l'observation de M. de Buffon, il paraît certain, que le hêtre rencontrant un terrein profond et riche, il s'y enfoncerait, ce qui ne remplirait pas le but que je propose : cependant, on ne peut disconvenir qu'il y aurait encore de l'avantage, parce que ne tirant point de la terre les particules de matières analogues au chêne, ce dernier y gagnerait beaucoup : mais comme on peut lui substituer sans perte, d'autres espèces dont les racines s'étendent à la superficie, on pourrait y mélanger des hêtres à des distances éloignées, à titre d'expérience; étant d'ailleurs très-assuré de trouver assez d'autres terreins qui leur conviennent, pour en former de belles futaies.

Le précepte de M. de Buffon que mon observation semble contrarier, n'en prouve pas moins son opinion bien prononcée de varier les espèces; et l'opinion d'un naturaliste aussi profond est d'un assez grand poids pour mériter la plus sérieuse attention.

Il se trouve dans ces mêmes futaies de hêtres, quelques chênes épars et particulièrement sur les bordures et le long des chemins; il y a même quelques petites parties qui forment de petits bouquets. J'ai vu, il y a environ vingt ans, ces arbres qui, quoique moins élevés que les hêtres, annonçaient encore de la vigueur. En les examinant l'été dernier, j'ai remarqué avec surprise, que la majeure partie est non-seulement couronnée, mais qu'il y en a beaucoup dont la tige est morte depuis le haut jusqu'à la naissance de la houppe et même au-dessous; ce qui ne peut être attribué à d'autre cause qu'au peu de profondeur du terrein, et à laquelle il ne paraît pas que la bonne qualité de la terre supplée; car j'en ai vu sur le haut de la petite montagne du hameau de Vaudranpont, situé dans la forêt sur la route de Crépy à compiégne, où se trouve encore un assez long fragment de l'antique chaussée

Brunehaut, sur laquelle la chûte annuelle des feuilles a formé une épaisseur de terreau d'environ trois pieds, et qui, crûs dans ce terrein, n'en sont pas moins décrépits, tandis que les hêtres y sont encore dans un état de vie bien apparent.

Cette observation me semble prouver deux choses : la première, que la terre la plus légère et qui contient, comme le terreau fourni par les feuilles, une très-grande quantité de molécules organiques, ne sont pas de la nature de celles qui conviennent au chêne auquel il faut un terrein divisible, mais ferme et qui fournisse des sels végétaux d'un autre genre que ceux contenus dans le terreau de feuilles. La seconde, que les futaies loin de dégrader le terrein, en augmentent le volume; parce que les arbres tirant de l'air par les trachées de leurs feuilles, beaucoup plus de substances qu'ils n'en tirent de la terre, doivent nécessairement produire cet effet; et qu'en replantant avec des soins raisonnés les parties de nos forêts devenues stériles depuis les dernières exploitations des futaies en massifs, on doit aussi nécessairement trouver le terrein plus riche que lors des premiers emménagemens, et par conséquent, obtenir des bois non-seulement en plus grande quantité, mais plus beaux et de meilleure qualité.

Il est inutile de dire que les espèces inférieures doivent être plantées d'après le même principe, que le tremble qui étend ses racines à la superficie, ainsi que le beau peuplier connu sous le nom de grisard et qui est le meilleur des bois blancs pour la menuiserie, doivent être planté avec le bouleau qui s'enfonce dans la profondeur du terrein, le tilleul avec l'érable, le merizier avec le sicomore et ainsi des autres.

Mais pour les plus mauvais terreins, tels que les sables purs, dont la superficie n'offre que très-peu de matiere végétale, l'expérience n'a fourni jusqu'à présent que le bouleau qui y réussit assez bien.

Cependant, je dois encore observer ici, que M. Bezin, ancien subdélégué à Crépy, dont les connaissances et le zèle pour le bien public, lui avaient mérité la confiance des intendants de Soissons et celle du gouvernement, a essayé de border de peupliers d'Italie quelques parties de grands chemins, qui jusques là étaient restées nues; dont une sur la route de Crépy à Nanteuil dans le bois, et l'autre dans une partie inculte de la forêt de Villers-Cottret, au-dessus du village de Gondreville, sur la route de Paris à Soissons; que ces peupliers, quoique plantés dans un sable blanc et coulant, qui n'est formé que des détrimens et des scories les plus fines des grès, dont le terrein est rempli et sur lequel on ne trouve que quelques touffes de bruyères, ont assez bien réussis; et que ceux qui ont échappés à la dévastation, sans être parvenus au dégré d'élévation qui leur est ordinaire en meilleur terrein, sont assez beaux pour faire regretter la perte des autres.

Si, d'après cette expérience, on voulait en meubler de semblables; je crois qu'il ne faudrait le faire que dans les parties les plus unies et les plus basses; parce que ce sable que les vents dispersent dans les grandes sécheresses, laisserait à découvert les racines de ceux qui se trouveraient plantés sur les terreins en pente.

On sait qu'il se trouve dans nos forêts des fonds marécageux et même des ruisseaux; en plantant des frênes sur les bords les moins frais, des peupliers sur ceux qui le sont un peu plus, et de l'aune dans les terreins absolument bourbeux. Ces parties se trouveraient utilement meublées; et comme tout ce qui les avoisine est humide à une certaine distance, il n'y a pas lieu de douter que le frêne et le charme n'y réussissent parfaitement.

Je reviens à M. Pannellier : ce qui prouve qu'il n'a pas aperçu la cause de l'inégalité de la crue des arbres dans un même terrein, c'est qu'il dit qu'un terrein d'une étendue déterminée ne peut produire qu'une certaine quantité de beaux arbres. Sans doute, en plantant la même espèce sur la totalité d'un terrein qui n'est pas absolument homogène, il n'y aura que ceux qui se trouveront dans les parties qui leur sont propres, qui parviendront à leur entier développement ; et les autres doivent nécessairement produire l'effet qu'on remarque dans ses plantations : mais si après avoir reconnu le terrein, on ne plante chaque espèce que dans celui qui lui convient, il est bien certain qu'on aura sur chacun les plus beaux arbres possibles, et qu'alors, l'étendue déterminée de ce terrein se trouvera absolument remplie de sujets qui formeront une belle futaie égale dans toutes ses parties.

Ce plan qui est celui de la nature, est le seul qui puisse nous procurer tout le produit que nous devons attendre de l'exploitation de nos forêts en futaies sur taillis.

Quand je dis qu'après avoir reconnu le terrein, il ne faut planter chaque espèce que dans celui qui lui convient, j'entend que, si au milieu d'une excellente portion plantée en chêne, il s'en trouvait une ou plusieurs qui fussent de la plus mauvaise qualité, il faudrait les planter des espèces inférieures qui leur seraient les plus analogues, et que cela n'empêcherait pas que la futaie ne soit également belle dans toutes ses parties, cette beauté étant toujours relative au terrein.

La coupe des taillis qu'il fixe à 20 ans, pour le plus cour terme, et à 40 pour le plus long, ne peut l'être que par la nature elle-même. Tant qu'on verra profiter le taillis, on devra en suspendre la coupe et la faire aussi-tôt qu'on s'apercevra qu'il cesse de croître, ce que la dimi-

diminution

nution des pousses annuelles indiquera avec la plus grande précision; alors on pourra l'abattre avec l'assurance de ne l'avoir fait ni trop-tôt ni trop-tard.

Comme le gland et la fène ne donnent le plus ordinairement qu'un seul jet, et que le plan des autres espèces ne donnent que des branches collatérales, on conçoit aisément qu'il sera nécessaire de receper les premières pousses au-bout de peu d'années, quelque puisse être leur vigueur; afin de fortifier les jeunes racines et procurer par ce moyen aux trochées une quantité de tiges suffisantes, pour bien garnir le taille; et ce n'est qu'après cette première coupe qu'on doit régler les autres, aux temps que les taillis indiqueront eux-mêmes en les observant.

Quant aux baliveaux, le choix en sera d'autant plus facile, que chaque arbre se trouvant dans le terrein qui lui est propre, ils seront tous très-beaux, excepté ceux qui naissent viciés ou dont les racines auront éprouvé quelque accident, ce qui est inévitable.

Ceux qui auront poussé en ligne droite et dont les tiges seront le moins garnies de branches collatérales, seront ceux qu'il faudra préférer, leur écorce ordinairement lisse et comme luisante, annonce toujours le bon état des racines, et une vigueur que je n'ai jamais vu se démentir dans aucune espèce plantée en terrein convenable.

Comme il n'y a que le chêne et le hètre qui se sèment sur place, et que tous les autres arbres doivent l'être en pépinière, pour en relever le plant après la seconde année, on regrette sincèrement la destruction des notres; car il faut bien se garder de suppléer aux plants de pépinière, par celui qu'on trouve dans les forêts, la fibre en est dure et racornie, et les racines toujours mal conditionnées; parce que, quoique très-petit, il est souvent très-vieux. J'en ai vu qui paraissaient n'avoir que deux ans.

et que j'ai revu au-bout de quatre dans les mêmes endroits, qui n'avaient pas profité du tout pendant ce laps de tems.

La première opération la plus essentielle, est donc la reconnaissance du terrein, qui ne peut avoir lieu qu'en le sondant ou en le creusant. M. de Buffon a fait sur les diverses qualités du sol de ses bois, une multitude d'expériences, dont quelques-unes offrent des résultats qui peuvent être vraiment utiles.

M. Pannellier a défoncé à deux pieds et même deux pieds et demi, les terreins qu'il a planté, il les a fait sarcler pendant cinq à six ans, avec beaucoup de soins; et ces diverses opérations ont couté des sommes immenses. Ses opérations sont-elles absolument indispensables ? C'est ce qu'il est encore très-intéressant d'examiner.

Plusieurs expériences de monsieur de Buffon sont contraires à cette méthode, et d'après ce qu'il rapporte dans le plus grand détail, il paroît démontrer que, des terreins legers auxquels il a fait donner depuis un, jusqu'à trois labours, ceux qui n'en ont reçu qu'un seul, ont le mieux réussis, et que ceux qui ont été le plus sarclés, afin de détruire les herbes, ont toujours dépéris, en raison qu'ils recevaient plus de façon; parce que dans ces terreins legers qui sont extrêmement divisibles, ces façons trop multipliées, en détruisant toutes les herbes, faisaient pénétrer la sécheresse, et que les grandes pluies les plaquaient.

Mais une expérience qui doit paraître décisive et qui lève tous les doutes; c'est que, dans une pièce de 40 arpens d'un terrein mêlé de glaise et d'autres matières, dont la moitié avait reçu la meilleure culture, et dont l'autre était en friche et couverte d'un grand nombre de genièvres, de genets et d'épines, et qu'il avait essayé de semer en même tems, sans autre préparation pour cette dernière, qu'un coup de pioche pour y déposer le gland à environ deux pouces de profondeur sous les gazons, et d'en jetter au hazard dans les buissons sur l'herbe sans les enterrer; que contre son attente, ce terrein inculte est devenu en neuf ans le plus beau de ses taillis; et que la moitié qui avait été bien cultivée et dont la semence avait parfaitement réussi la première année, s'est détruite insensiblement; que ce n'est qu'avec des peines infinies et des remplacemens réitérés, qu'il est parvenu à la conserver; parce que le jeune plant y était à découvert, et que dans l'autre, les herbes et les buissons l'avaient mis à l'abri des ardeurs du soleil, de la sécheresse et de la gelée pendant les premières années; et il assure bien affirmativement d'après une infinité d'expérience pour s'en convaincre, que les jeunes plants ne peuvent réussir sans des abris qui les préservent des coup de soleil, de la sécheresse, de la gelée et particulièrement de celles du printems. Mais il observe, que dans les terreins tels que celui des 40 arpents qui résistent davantage à l'action des jeunes racines, il faut les observer pendant les premières années : que tant qu'ils poussent bien, il faut les laisser croître, et que, si à la troisième ou quatrième année, on s'aperçoit qu'ils s'arrêtent, il faut les receper le plus près de terre possible; parce que toute l'action de la sève se portant alors avec force dans les racines, leur en donne assez pour percer dans la dureté du terrein, et donner dès la première année, des jets infiniment plus forts et plus élevés que n'étaient ceux des trois ou quatre précédentes.

Je puis assurer la vérité de ces faits par ma propre expérience; des frênes et des ormes que j'avais plantés à la grosseur ordinaire, tels que ceux qu'on plante sur les grandes routes; une certaine quantité avait bien reprit, mais sans faire aucun progrès; je les ai fait receper près de terre, et ils ont poussés des jets vigoureux; n'en ayant laissé qu'un seul sur chaque arbre, ils ont dépassés ceux qui avaient toujours continués de croître depuis leur plantation. J'avais aussi planté des haies d'épines dont quelques parties languissaient depuis quatre ans; j'ai usé du même moyen; en deux ans, elles ont aussi dépassées les autres auxquelles j'ai été forcé de faire la même opération pour leur procurer les moyens de les égaler; et elles sont toutes parvenues à la même hauteur, au bout de trois ans.

La même expérience m'a toujours réussi pour tous les arbres fruitiers et ceux d'agrémens.

De tous les auteurs qui ont écrit sur la culture des bois, aucun n'a été plus à portée que M. de Buffon de faire des expériences en grand : l'étendue considérable de ceux qu'il possédait, les différentes natures des terreins qu'ils occupaient, sa grande fortune, les secours qu'il recevait du gouvernement pour cet objet, joints à la supériorité et à l'étendue de son génie et son goût décidé pour les sciences dont il a augmenté et préparé les progrès dans beaucoup de parties, doivent donner à ses observations (sauf les faits qui les modifient, ou dont il n'a pas eu connaissance) un poids, que celles de ceux qui n'ont pu en faire qu'en petit, ne peuvent jamais obtenir.

D'ailleurs, tout le monde sait, que presque toutes les expériences faites en petit et dont le succès avait répondu à l'attente de leurs auteurs, n'en ont eu aucun, quand on a voulu les réaliser en grand; de là, cette foule de systémes aussi séduisants qu'erronnés, sur toutes les espèces de culture.

Monsieur de Buffon en a fait en tout genre sur cette partie, et dont le plus grand nombre, après des dépenses énormes, l'ont ramené à la simple nature, qu'il faut aider en suivant sa marche la plus ordinaire; et celles que je rapporte, sont les seules qui puissent être utiles pour remplir le but qu'on se propose, qui est de parvenir au meilleur emmenagement des forêts, et à moins de frais possible. Sans doute, ces expériences et la beauté de ce taillis de neuf ans, sur un terrein absolument inculte, sans aucune préparation, ne prouvent rien pour la crue des arbres jusqu'à leur entier développement; puisque, comme ceux de M. Pannellier, ils ont pu cesser de croître dès la vingtième année, et beaucoup plutôt ou beaucoup plus tard, en raison de la profondeur du terrein; mais elles nous fournissent le plus grand moyen d'amélioration, par la suppression des frais immenses de défoncement et de sarclage, qui peuvent absorber d'avance toute la valeur du produit qu'on peut tirer des bois; ce qui paraît avoir été la cause de l'interruption des travaux de M. Pannellier.

En comparant les terreins de nos forêts avec ceux que M. de Buffon a planté en faisant ses expériences, on trouvera que les premiers peuvent l'être avec beaucoup plus d'avantage.

Il n'a opéré que sur des terres qui n'avaient jamais rapporté que des grains, et sur des friches qui n'étaient que des champs abandonnés, dont la superficie n'avait reçu aucune amélioration, (*) et dont le fond était intact à la petite profondeur du soc de la charue : nos forêts au contraire, nous présentent une terre qui depuis des milliers de siècles, a toujours été couverte d'arbres dont les racines ont constamment agis sur le fond qu'elles ont divisé et amélioré en y pourrissant; et dont la chûte annuelle des feuilles jointe à la quantité de petites branches mortes, qui ont pourri avec elles, ont produit à sa surface une grande épaisseur de terre végétale, qui lui

(*) Il ne faut pas regarder comme amélioration les fumiers, dont la substance est absorbée par chaque récolte.

donne une douceur si utile à la faiblesse des embryons, et la rend assez spongieuse pour conserver une humidité toujours salutaire aux jeunes plants en général : cette douceur est moins nécesssaire au gland ; parce que sa radicule étant très-forte, elle perce aisément le terrein : mais il n'en est pas de même de la fène dont le germe poussant son enveloppe au dehors, périrait s'il trouvait trop de résistance.

Je ne puis me dispenser de rapporter ici l'opinion de monsieur de Buffon, sur l'ordonnance de 1669. Il ne me paraît pas avoir été à portée d'observer l'altération des bois causée par une trop longue attente : mais il a pensé, que cela devait nécessairement arriver, puisqu'il dit : « que » la plus sage des ordonnances est celle qui établit la » réserve dans les bois des ecclésiastiques et gens de » main-morte, et que nous devons souhaiter qu'on ne se » relâche point à cet égard, que ces réserves sont un bien » réel pour l'état, qu'elles ne sont pas sujettes à l'in- » convénient des baliveaux, et qu'on en aurait mieux » senti les avantages, si le crédit plutôt que le besoin » n'en eût pas disposé, qu'on préviendrait cet abus en » établissant un tems fixe pour les coupes de ces ré- » serves ; que ce tems devrait être plus ou moins long » suivant la nature des terreins et leur profondeur ; que » cette attention est absolument nécessaire, qu'on en » pourrait régler les coupes à cinquante ans dans les » terreins de trois pieds et demi, et à cent ans dans un » terrein de quatre pieds et demi, et au-delà ; il ajoute : » je donne ces termes d'après les observations que j'ai » faites au moyen d'une tarière haute de cinq pieds avec » laquelle j'ai sondé quantité de terreins, où j'ai exa- » miné en même tems la hauteur, la grosseur et l'âge » des arbres ; cela se trouvera assez juste pour les terres » fortes et paitrissables ; dans les terres légères et sablo- » neuses, on pourrait fixer les coupes à 40, 60 et 80 ans ;

» on perdrait à attendre plus long-tems, et il vaudrait » infiniment mieux garder du bois dans des magasins, » que de le laisser sur pied dans les forêts; où il ne peut » manquer de s'altérer après un certain âge ».

L'altération que j'ai remarquée sur les arbres des futaies surannées, confirme pleinement l'opinion de M. de Buffon à cet égard; et ses observations sur la profondeur nécessaire des terreins, pour procurer aux arbres leur entier développement, sont absolument conformes à ce que j'ai observé dans les forêts de Compiégne et de Villert-Cotteret : mais ce à quoi il ne paraît pas avoir fait attention, et qui est si essentiel, c'est la disproportion de la grosseur des arbres avec leur hauteur, dans les forêts en massifs de futaie. et on ne peut douter que cet infatigable observateur n'ayant fait d'observations et d'expériences, que dans les bois qu'il exploitait en taillis, la grosseur des plus grands arbres qui n'étaient que les plus anciens baliveaux de ces mêmes taillis, étant toujours proportionnée à leur hauteur, il n'a eu aucune connaissance de ce fait important, ni de la quantité d'arbres qui périssent insensiblement et dégarnissent les futaies en massif : car à-coup-sûr, cette cause qu'il n'aurait pas manqué d'apercevoir, l'eût empêché de faire l'apologie de ces réserves.

La gravité des inconvéniens inséparables de l'exploitation des forêts en massifs de futaie, en nous forçant de l'abandonner, ne laisse d'autre choix que celle des futaies sur taillis, qu'on sera forcé de suivre.

Les petites difficultés qu'elle présente, ne tiennent qu'à des précautions indispensables pour en assurer le succès, ce dont M. Pannelier ne s'est point douté; sa manière de planter en est la preuve.

Sans doute avec des bras et beaucoup d'argent, on peut remuer des terreins à de grandes profondeurs et planter tous les arbres qu'on veut, et d'après cela régler d'avance les espèces, le nombre des baliveaux sur chaque arpent, fixer leur emploi pour la suite; enfin, faire des tableaux progressifs, et démontrer aux yeux, qu'au bout de quarante ans, une forêt de dix mille arpens sera déjà meublée de trois cent mille baliveaux; cette spéculation est magnifique! le malheur est, que la nature ne spécule point, qu'elle suit un plant réglé et uniforme, et que toutes les spéculations qui s'écartent de l'ordre qu'elle prescrit, ne donnent que des richesses d'imagination, qui finissent toujours par la misère.

Il résulte donc de toutes ces observations, que pour parvenir à l'amélioration générale de nos forêts, et en tirer en nature tous les secours qu'on doit en attendre; soit pour notre marine, soit pour les grandes constructions de terre, et en former une branche invariable de revenu public, l'opération préalable est de reconnaître la qualité et la profondeur des divers terreins; la sonde nous en offre un moyen aussi simple que peu dispendieux; parce qu'après quatre pieds et demi, peu importe leur nature.

L'extirpation des souches dans les vieilles futaies me paraît plus difficile; cependant, eu égard au prix excessif du bois, il se pourrait qu'en les abandonnant à ceux qui voudraient les enlever, la dépense devint nulle; et que dans le cas où le gouvernement, pour plus de célérité, se déciderait à le faire à son compte, le bois qu'elles fourniraient, l'indemnisat au moins en grande partie.

Les terreins ainsi reconnus et distingués par des marques particulières pour éviter les méprises; il suffira d'y tracer des lignes toujours en travers dans ceux qui sont en pente, pour y conserver l'eau des pluies et empêcher les petites ravines qui sans cette précaution dégraderaient le terrein supérieur.

On formera la première ligne à laquelle on donnera un pied

pied de largeur ; dans cette largeur d'un pied seulement, il faudra arracher toutes les ronces, les épines, les genets et généralement toutes les herbes et en détruire absolument toutes les racines, afin de pouvoir labourer, soit à la charue, soit à la bêche, soit à la houe suivant le terrein et sa position, pour y semer et planter au milieu. A partir du bord de cette ligne, on laissera deux pieds et demi de terrein inculte, au bout duquel on formera la seconde ligne également d'un pied de largeur, labourée et plantée de même ; et ainsi de suite, jusqu'à l'entier emménagement de la partie qu'on plantera.

Par cette disposition, les arbres se trouvant également espacés à trois pieds et demi, les deux pieds et demi qu'on aura laissé incultes, entre les lignes et sur lesquels il se trouvera, soit des épines, soit des genets, ou autres plantes, doivent être soigneusement conservés ainsi que les herbes, pour procurer de la fraîcheur aux jeunes plants, et les mettre à l'abri de l'ardeur du soleil et de la rigueur des fortes gelées ; à moins que ces plantes ne soient d'une hauteur et d'une étendue qui puisse leur nuire, ce qu'il est facile de juger.

Les arbres dans leurs lignes doivent être également espacés : mais comme le chêne et le hêtre ne peuvent bien réussir qu'en les semant, et qu'il en manque souvent, soit par les mulots ou autres accidents, il sera nécessaire de semer le gland et la fêne beaucoup plus près, sauf à en arracher si la totalité réussissait ; avec cette précaution, on aura l'assurance de voir le plant toujours exactement garni.

Si l'on plante un terrein également propre au chêne, dans toute son étendue, et que, comme je le propose on voulut y entremêler des arbres dont les racines s'étendent à la superficie ; en plantant alternativement une ligne de chênes, et une des autres arbres, l'opération sera facile : j'ajoute que pour obtenir de ces derniers tout ce qu'on peut en attendre en bon terrein, il serait très-utile de planter aussi alternativement dans la ligne, un charme, un orme et un frêne, dans les endroits les plus bas; parce que comme je l'ai déjà dit, chacun de ces arbres ne tirant du sol que les sucs qui lui sont analogues, ils croîtraient plus abondamment, et parviendraient beaucoup plutôt à leur entier développement.

L'opération des lignes devant être la même pour tous les terreins, et pour toutes les espèces d'arbres, je n'entrerai pas dans plus de détails à cet égard; d'après les principes que j'ai posés, il suffira de planter chacune dans le terrein qui lui est propre.

Il est facile de se convaincre que par cette méthode si simple, les frais de culture se réduisent à bien peu de choses, puisqu'il n'y a qu'environ un quart de terrein à défoncer, et qu'en sarclant seulement au mois d'avril, (*) la ligne d'un pied, pendant les premières années, on est sûr de réussir; et qu'il serait dangereux d'y détruire dans l'été des herbes qui préserveront le jeune plant de l'ardeur du soleil, et dont le chaume les garantira de la gelée pendant l'hyver.

Je répéterai encore que, si dans les meilleures et les plus belles parties des terreins, il s'en trouvait une ou plusieurs d'absolument mauvaise, hé bien! il faudrait les planter des espèces les plus inférieures; car, comme elles croissent très-vîte, elles donneront deux ou trois

---

(*) Je dis en avril : car les gelées du printems étant funestes aux arbres en général, et plus particulièrement aux jeunes chênes, il serait dangereux de le faire plutôt, et j'ajoute qu'il serait même encore mieux de le faire plus tard, pour éviter les ravages des gelées tardives, si pernicieuses pour les jeunes plants.

coupes pour une ; au lieu qu'en s'opiniâtrant à les meubler de bonnes espèces, elles formeront des vuides qui seront toujours en pure perte.

J'ai déjà démontré, que quelque puisse-être la vigueur de la crue des jeunes plants de toute espèce, il est absolument nécessaire de les receper très-près de terre, au bout de trois ou quatre ans; parce que cette opération augmentant nécessairement la force de l'action des racines sur le terrein, produira un très-grand nombre de jets suffisants pour bien garnir le taillis, et donnera par conséquent des baliveaux à choisir.

Les coupes ne peuvent donc prendre datte que de cette époque; personne n'en peut fixer le tems, c'est aux taillis à l'indiquer eux-mêmes.

En observant leurs pousses aux sommités des trochées, tant qu'on les verra se succéder régulièrement avec la même vigueur, il faudra attendre; mais sitôt qu'on s'apercevra d'une diminution sensible, c'est-à-dire, que si elles ont été cette année de huit pouces ou d'un pied, et que l'an prochain elles ne soient que de quatre ou six, et que les deux années suivantes, elles diminuent dans la même proportion, sans qu'on puisse attribuer cette diminution aux grandes gelées ou à celles du printems; on peut être bien certain que le taillis loin de profiter, ne peut que dépérir en l'attendant davantage, et c'est alors qu'il faut l'abattre.

Cette observation qui devrait fixer irrévocablement les coupes des taillis, qui jusqu'à présent n'ont été faites qu'arbitrairement, ou du moins d'une manière très-incertaine, étant de la plus grande importance, je dois avertir de crainte d'erreur, et pour mettre ceux qui voudront la vérifier, à portée de le faire avec exactitude, que les premières pousses sont ordinairement du double et quelquefois du triple plus fortes que les secondes et les troisièmes, qu'elles diminuent à-fur-et-à-mesure que les trochées s'élèvent davantage, et qu'après dix ans et quelquefois plutôt, suivant la nature du terrein, elles sont à-peu-près égales jusqu'à l'âge où elles cessent insensiblement.

J'ai remarqué que, tant que la végétation se soutient, les pousses sont à-peu-près de huit pouces à un pied dans les bons terreins, et dans les plus mauvais de quatre à six pouces, suivant les espèces; car les plus tendres s'élèvent toujours davantage; et qu'en général, après des hyvers pluvieux auxquels succèdent des printems doux et des étés chauds, les pousses sont de la moitié plus fortes.

Jusqu'ici, les moyens de parvenir à l'établissement d'une futaie sur taillis, la plus utilement emménagée, et par conséquent la plus productive possible, exigent plutôt des attentions et des soins raisonnés, qu'ils n'offrent de difficultés : mais il s'en trouve une réelle dans la réserve des baliveaux.

D'abord, il faut qu'à la première coupe, ils soient répartis également sur le terrein, que ceux de la seconde le soient de même entre ceux de la première, et ainsi de suite à chaque coupe : mais coupera-t-on les premiers à la seconde ou à la troisième ?

Les observations faites pour fixer la coupe des taillis, peuvent également servir à déterminer celles des baliveaux; cependant, si l'on veut laisser parvenir une certaine quantité d'arbres à leur entier développement, afin de se procurer de fortes et longues pièces pour les besoins, ils nuiront beaucoup au taillis, et leur hauteur jointe à l'ombrage des réserves postérieures finiront par l'étouffer.

Je ne trouve qu'un seul moyen de parer à cet inconvénient; et ce moyen, en obviant à toutes les pertes qui nous forcent d'abandonner les futaies en massifs, nous offre en même tems tous les avantages qu'on s'était promis d'en tirer en les réservant.

Il consiste à réserver à la première coupe les plus beaux baliveaux sur les bordures des taillis, en les espaçant de manière à ne point étouffer les trochées qui se trouveront dans les intervalles, et à faire à la seconde coupe la même réserve, avec l'attention que les seconds baliveaux se trouvent dans une direction qui corresponde toujours entre deux de la première, afin de faciliter la circulation de l'air, si nécessaire à la crue et à la bonne qualité des arbres en général.

On peut être bien assuré, que la grosseur de ces arbres qui auront toujours joui des influences de l'air et du soleil, sera aussi toujours proportionnée à leur hauteur, et qu'ils acquerront par ce moyen une qualité qui les rendra propres aux usages de la marine, et (j'ose le dire), supérieure à tous ceux qu'on aura employés jusque là, pour la construction des vaisseaux.

Après cette réserve, les baliveaux de l'intérieur du taillis, doivent être réservés et espacés suivant l'ordre des coupes: mais il faut les abattre ayant encore assez de vie pour repousser vigoureusement; car sans cette précaution le taillis se dégarnirait insensiblement, à moins que de les arracher et de les remplacer par du jeune plant; peut-être par cette opération, l'on pourrait perpétuer un taillis, jusqu'à un temps indéfini; on peut en faire l'expérience : mais cela me paraît entraîner beaucoup d'inconveniens; cependant comme les expériences de ce genre sont toujours très-utiles par les lumières qu'elles répandent, on pourrait les tenter sur quelques parties : (*) mais le tems seul

(*) Il me semble qu'il n'y aurait jamais d'inconvénient à le faire sur les bordures, lors de l'abatage des arbres réservés; parce que le jeune plant jouissant dans cette partie des influences de l'air et du soleil, y croîtrait avec facilité.

peut résoudre cette question qui ne présente qu'un avantage éloigné.

Il faut vendre les baliveaux avec le taillis pour être exploités en même tems : car en ne les vendant, (comme je l'ai vu pratiquer ici), que l'année suivante, rien n'est plus nuisible aux jeunes pousses; parce que les chevaux, les voitures et l'abattage de ces arbres eux-mêmes qui détruisent presque toujours les plus belles, causent un tort irréparable. Les taillis devraient par cette raison, être débarrassés dans un plus court délai, qu'ils ne le sont ordinairement.

En réfléchissant sur l'immense quantité d'arbres choisis, qu'on peut réserver ainsi sur le pourtour de toutes nos forêts exploitées en futaies sur taillis, il sera facile de juger de la grandeur d'une telle ressource, et les avantages qu'elle présente, sont d'autant plus précieux, qu'ils ne sont rachetés par aucun inconvénient.

Avant de terminer ce petit ouvrage : j'ai voulu revoir la forêt de Compiègne et celle de Villert-Cottret, et j'ai profité du beau tems de la seconde quinzaine de Ventose dernier, pour examiner à loisir les arbres dépouillés de leurs feuilles.

Après avoir traversé celle de Compiègne dans trois endroits différents, ce qui fait à-peu-près dix lieues; j'avoue que j'ai été effrayé de l'état désastreux qu'elle présente à l'œil de l'observateur exercé. Je puis assurer avec vérité, que plus de la moitié des chênes sont non-seulement couronnées, mais que les houppes sont mortes et tombent par morceau; que dans l'autre moitié, la majeure partie est dans l'état d'altération dont j'ai parlé; et qu'enfin le restant qui annonce un peu plus de vie, parce que les arbres se couvrent encore de feuilles jusqu'au sommet, a cessé de croître, il y a plus de vingt-cinq ans.

Les hêtres en général y sont encore assez vifs : mais

les anciennes et nouvelles ventes m'ont prouvé au-delà de l'évidence, que non-seulement les arbres qui ont cru en massifs de futaie, cessent de croître quand ils sont exposés à l'air ; mais qu'ils périssent tous insensiblement : car tous ceux que j'ai vus, sont, sans exception, ou couronnés ou tout-à-fait morts en tête.

La forêt de Villert-Cottret contient beaucoup moins de chênes que celle de Compiégne : mais excepté les baliveaux de cette espèce qui, dans les anciennes ventes sont couronnés ou morts en tête, comme dans cette dernière ; les autres chênes en général y sont encore très-vigoureux.

Deux causes produisent cet effet, la première que j'ai déjà démontrée, vient des coupes beaucoup plus rapprochées, et la seconde tient à la qualité du sol qui est généralement meilleure que dans celle de Compiégne.

L'administration forestière convaincue de la nécessité de débarrasser le terrein des vieilles souches qui ne repoussent plus, ni dans l'une ni dans l'autre de ces deux forêts, a imposé aux adjudicataires des bois, la condition de déraciner les arbres, en les abattant ; et cette opération qui les oblige à des fouilles très-profondes, m'a mis à portée, cette année, d'examiner à loisir les diverses espèces de terrein.

J'ai parcouru la majeure partie des ventes dans différents cantons ; et je me suis assuré que le bois y est en général très-sain ; quelques arbres qui portent intérieurement des marques visibles de la gélivure causée par le rigoureux hyver de 1709, m'ont aussi mis à portée de juger de l'âge de ces parties.

J'ai compté sur plusieurs, quatre-vingt-quinze couches ligneuses annuelles, qui m'ont amené juste à la gélivure ; et l'espèce de noyau qui reste au milieu, et qui est la grosseur où était alors l'arbre, pouvant avoir de douze à quinze ans, cela donne à très-peu près 110 ans.

En comparant cet âge à celui de deux cens ans et souvent beaucoup plus, il est facile de juger de la différence que cela doit nécessairement produire.

J'ai vu plusieurs scieurs de long que j'ai interrogés sur la qualité du bois, et qui m'ont dit que pour en juger, je n'avais qu'à bien regarder le peu de progrès de la scie.

Ils ont tous travaillés dans la forêt de Compiégne, et m'ont assuré qu'ils aimeraient mieux y scier à 3 liv. de moins par cent, parce que le bois y était beaucoup plus tendre. Un de ces scieurs âgé (à ce qu'il m'a dit) de 76 ans, et qui a travaillé dans celles de Compiégne et de Fontainebleau, m'a dit aussi que ceux de cette dernière étaient encore plus tendre que dans la forêt de Compiégne; lui ayant demandé ce qu'il croyait en être la cause, il m'a répondu que c'est parce que les arbres y sont encore plus vieux.

J'ai parlé à plusieurs personnes très-instruites qui connaissent parfaitement la forêt de Coucy, qui appartenait à la maison d'Orléans, et qui ayant toujours été exploitée comme celle de Villert-Cottret, présente les mêmes résultats; ce qui ne laisse aucun doute sur les causes de dépérissement par une trop longue attente.

La fouille des arbres qui ont été arrachés, présente en général dans la forêt de Villert-Cottret, une glaise mélangée de différentes matières, et un fond d'argile profond; aussi, tous les chênes qui ont crû parmi les hêtres (quoique ceux-ci soient du sextuple plus nombreux,) sont aussi élevés et aussi vigoureux : mais ils sont les uns et les autres comme des cylindres, à peine distingue-t-on à l'œil, la petite différence qui se trouve de la grosseur du bas en haut de ces arbres. (J'en ai donné la raison.)

J'ai observé avec quelque satisfaction, que les racines des hêtres, quoique dans les meilleurs terreins, ne s'étaient pas

pas enfoncées à plus de deux pieds, et le plus grand nombre à dix-huit pouces ; malgré que celles des chênes le fussent très-profondément ; aussi les ouvriers m'ont-ils dit que si les chênes eussent été en même puantité, il en eut coûté beaucoup plus cher aux marchands pour les faire arracher.

En quittant la dernière vente que j'ai observée, j'ai fait un grand circuit dans la forêt ; le hazard m'a fait rencontrer deux chênes et un hêtre déracinés par le dernier ouragan, dans une petite gorge qui tient à un taillis nouvellement coupé, ce qui me paraît avoir donné lieu à l'action extraordinaire du vent sur ces arbres. Le terrein est d'argile rouge tirant sur le roux vif.

J'ai observé que les racines du hêtre ne s'étaient pas étendues à la superficie du terrein, mais qu'elles s'étaient enfoncées comme celles des chênes, avec cette différence, qu'elles avaient formé une espèce de chevelu en masse dont les plus grosses parties ne l'étaient guère plus que des asperges ordinaires, et qu'elles avaient enlevé tout le terrein à environ trois pieds de profondeur, sans qu'aucune de leurs extrêmités se soit rompue.

Ces dernières observations jointes à celles que j'ai faites dans la forêt de Compiégne, me semblent prouver bien évidemment que malgré l'assertion de M. de Buffon, il n'y aurait aucun inconvénient à ajouter le hêtre aux arbres qui courrent à la superficie, les preuves m'en paraissant bien solidement établies.

Du reste, la forêt de Villert-Cottret présente les mêmes inconvéniens que celle de Compiégne et pour les baliveaux et pour la quantité des clairières causées plus particulièrement dans la première, par les ouragans : car on y remarque peu d'arbres décrépits.

La petite exception que forme ces forêts pour la qualité du bois seulement, n'empêche pas que le tableau de la forêt de Compiégne, qui est celui de toutes celles qui ont été exploitées de même, ne soit très-effrayant : mais malheureusement, il est d'après nature ; et si au lieu de tant de systêmes fondés sur de brillantes hypothèses, toujours en contradiction avec la nature, ou de tant de déclamations vagues et dénuées d'observations, on l'eût mis, il y a cinquante ans, sous les yeux du Gouvernement, la frayeur salutaire qu'il lui eût inspiré, nous eut préservé des maux que nous ressentons déjà si vivement, et qui doivent nécessairement augmenter avec plus de rapidité qu'on ne pense. Je dis cinquante ans, parce que d'après les moyens indiqués, ce laps de tems suffit pour remettre nos forêts dans l'état le plus florissant ; indépendamment du produit des taillis avant cette époque.

Ce que je propose, n'est donc pas un systême fondé sur des hypothèses ; c'est le résultat de plus de trente ans d'observations faites avec exactitude : les réflexions qu'elles ont fait naître, ne portent que sur des faits constants que tout le monde peut vérifier ; les principes que j'ai posés émanent de la nature elle-même, et les conséquences que j'en tire, étant absolument conformes à sa marche la plus ordinaire, les moyens sont aussi simples qu'elle ; et cette simplicité est d'autant plus utile, qu'en épargnant au Gouvernement des frais immenses, pour l'emménagement des forêts, elle le met à portée de réaliser plus promptement et plus efficacement ses projets d'amélioration.

Sans doute la guerre à laquelle nous forçent les injustices d'une nation sans foi, ne paraît pas favorable à ces entreprises : mais le sacrifice de quelques coupes extraordinaires de ces forêts absolument décrépites, qui augmentent nos pertes d'autant qu'elles sont plus attendues, ne peut être qu'un bien pour l'état, puisqu'elles avanceront les ressources en nature et les revenus en argent que doivent nécessairement lui procurer les nouveaux plants : d'ailleurs, le Gouvernement doit être bien convaincu de la nécessité absolue de le faire, et en reconnaître l'urgence ; car ne le faisant pas, ce serait le calcul d'un laboureur qui, ayant fait une mauvaise récolte qui lui laisserait peu de grain de disponible, se déterminerait à ne pas ensemencer ses terres, pour en conserver une plus grande quantité.

L'objet étant d'un intérêt général et de la plus grande importance pour l'état, j'invite les bons citoyens qui ont des connaissances dans cette partie, à vérifier mes observations et à en comparer les résultats, et plus particulièrement les administrateurs forestiers à qui l'exercice ordinaire de leurs fonctions en facilite les moyens.

Il faut avouer que l'état déplorable de nos forêts, au moment où le Gouvernement leur en confie l'administration, doit être très-pénible et très-affligeant pour eux : mais ils ont l'espoir bien flatteur, que leur zèle et leurs lumières leur faisant vaincre les difficultés, ils jouiront de la satisfaction si douce, d'avoir été utile à la patrie, et de mériter à jamais la reconnaissance de leurs concitoyens.

NOTE.

J'ai omis de parler des moyens de regarnir les clairières dans les futaies et les taillis où il se trouve encore de grandes parties qui méritent d'être conservées ; mais une petite note suffit pour cet objet.

Si les clairières sont grandes, l'opération est la même que pour l'emménagement entier. En sondant le terrein et y plantant des arbres analogues, etc., etc. ; l'opération se trouvera utilement faite, mais dans les petites, telles que celles qui se trouvent ordinairement dans les taillis, il suffira d'y arracher les ronces, les épines et autres plantes, d'en extirper absolument toutes les racines, et d'y planter avant l'hyver des ormes de la grosseur de ceux qu'on plante ordinairement sur les routes.

Si le terrein a une certaine profondeur et qu'il soit léger, il n'y a pas d'inconvénient de les enfoncer de quinze à dix-huit pouces ; mais s'il a peu de profondeur et que le fond soit composé de matières calcaires, de tuf, de glaise ou de sable, il faut les planter à trois ou quatre pouces au dessus de ces matières, et faire une butte avec la terre des environs, pour que l'arbre se trouve enterré à douze ou quinze pouces au plus. (Je renvoie pour les détails, à mes réflexions sur les plantations particulières). En plantant ces arbres à environ quinze pieds de distance, on peut être certain que leurs racines qui s'étendent prodigieusement à la superficie, et qui fournissent une très-grande quantité de drageons, meubleront le terrein ; et qu'en très-peu de tems, ces parties se trouveront parfaitement remplies et égaleront en hauteur le reste du taillis.

J'ai eu occasion d'observer, qu'au bas du village de Gondreville sur la route de Paris à Soissons, où finit le buisson de Tillet, il y avait, il y a environ 25 ans, un angle très-rentrant, absolument couvert de ronces et d'épines qui ont été remplacées par quelques ormes plantés à une distance beaucoup plus grande que celle que j'indique, et qu'aujourd'hui non-seulement ces arbres égalent en hauteur et en grosseur les plus grands chênes du taillis, mais qu'ils ont couvert le terrein d'une infinité de drageons dont la majeure partie forme déjà de beaux arbres. Cette observation fournit un moyen aussi simple que peu dispendieux pour replanter ces parties qui, dans trente ans peuvent nous fournir une grande quantité de bois de charronnage, dont la disette se fait sentir d'une manière effrayante : car on ne peut trop le répéter, les moyens économiques bien raisonnés et qui s'accordent avec la bonne culture des bois, sont les seuls que le gouvernement doive employer pour parvenir plus promptement à une amélioration générale. (J'observe que cet angle rentrant tient immédiatement aux peupliers d'Italie plantés par M. Bezin et dont j'ai parlé ; si l'on se souvient de la mauvaise qualité du terrein dont j'ai rendu compte, on ne peut douter du succès, dans ceux qui se trouveront meilleurs).

RÉFLEXIONS

Sur les Plantations particulières.

Les plantations particulières doivent être régardées comme le complément de nos forêts, elles sont d'autant plus précieuses, qu'elles seules nous fournissent l'orme qui est le principal bois de charonnage; ainsi que la majeure partie des frênes qu'on employe dans cette partie si essentielle du labourage; et que l'élagage de leurs branches, celui des diverses espèces de peupliers et des saules dont les prairies sont toujours bordées, procurent des échalats pour les vignes, les rames nécessaires aux légumes des potagers et les treillages les plus ordinaires pour les espaliers; indépendemment d'une très-grande quantité de fagots, si utile aux habitans de la campagne en général, pour cuir le pain et se procurer le feu dont ils ont momentanément besoin dans toutes les saisons, en quittant le travail aux heures des repas.

Cette ressource deviendrait immense, si tous les petits terreins incultes tenant aux propriétés particulières, ainsi que les berges de beaucoup de pièces de terre et les larris, étaient plantés d'espèces analogues à ces divers terreins (*).

Mais les dévastations inouies qu'éprouve cette espèce

(*) J'aurai occasion de traiter cette partie plus à fond, dans un mémoire sur les objets les plus essentiels de l'économie politique, que je me propose de publier incessamment.

de propriété, (par le défaut de police) sont d'autant plus nuisibles à l'état, qu'après des dépenses considérables, il ne reste aux bons citoyens qui ont voulu donner l'exemple, que le regret de l'avoir entrepris, et qu'elles étouffent pour jamais dans les autres le desir de les imiter.

Ce brigandage qui paraît assez général, est porté dans certains arrondissemens, à un degré dont il est difficile de se faire une idée sans en avoir été le témoin.

Celui de Senlis présente du côté de Crépy, qui en fait partie, beaucoup de ces petits terreins incultes, qui paraissaient condamnés à une perpétuelle stérilité ; après en avoir fait sonder plusieurs, et reconnu leur nature, j'ai planté des ormes et des frênes dans ceux qui m'ont paru les meilleurs ; et dans les autres, des peupliers d'Italie, et ceux connus sous le nom grisard ; (cette espèce ne me paraît être qu'un beau tremble, approchant de celle du peuplier de Hollande, elle a cela d'avantageux, qu'elle croît dans tous les terreins secs ou humides.) Le peuplier d'Italie est le seul qui n'ait pas réussi : mais j'ai eu la douleur de voir détruire chaque année au moins la moitié des autres.

Espérant toujours que les brigands seraient punis, ou qu'ils se lasseraient de détruire, j'ai eu le courage de toujours remplacer ; et les premiers plantés qui ont échappé à la destruction, sont de la plus grande beauté.

Beaucoup de propriétaires avaient suivi mon exemple, ils ont essuié le même sort ; et après quelques remplacemens presqu'aussitôt détruits, ils ont fini par tout abandonner ; et il reste à peine aujourd'hui quelques traces de leurs travaux et de leurs dépenses ; à l'exception d'un seul dont l'amour du bien public et la grande fortune lui permettent de faire de grands sacrifices.

La partie de l'arrondissement depuis Senlis jusqu'à

Crépy, et beaucoup au-delà, ne présente que de grandes plaines environnées de collines, pour la plus-part incultes et d'un aspect désagréable, et n'offre rien autre chose que des grains : éloignée des vignobles, le prix excessif du vin dans les années de disette qui sont très-fréquentes, étant ruineux pour les laboureurs par l'augmentation énorme des frais de culture qu'il occasionne ; les bons citoyens instruits désiraient depuis long-tems, qu'on plantât des pommiers ; le code rural en donnant la faculté de se clore, me détermina à l'entreprendre, dans l'espérance d'avoir des imitateurs. La difficulté était de trouver des terreins propres à cette nouvelle culture.

En faisant faire des fossés autour de quelques pièces de terre, j'observerai qu'elles avaient beaucoup d'analogie avec celles de la Normandie, qui fournissent le meilleur cidre ; je fis sonder exactement, et cette opération en confirmant mon opinion, me détermina à y planter des pommiers ; d'anciens correspondans de commerce m'en envoyèrent six cents des meilleurs cantons de la Normandie. Je faisais un grand sacrifice, car le transport à quatre-vingt-dix lieues triplait le prix de l'acquisition des arbres.

Après avoir fait faire des fossés de quatre pieds de largeur sur deux et demi environ de profondeur, d'après la nouvelle loi, j'en fis jetter les déblais du côté des pièces que je voulais planter, et j'espaçai les arbres à dix-huit pieds.

On conçoit aisément, que plantés dans un terrein nouvellement remué, et qui augmentait si considérablement l'épaisseur de l'ancien, ils ont du pousser avec vigueur ; j'avais présidé à leur plantation, et il n'en périt aucun. Pour sûreté, je les fis empailler à une certaine hauteur, je fis mettre un tuteur à chacun, et recouvrir le tout d'épines.

Le croira-t-on ? A peine les plantations finies, on m'en

enleva plusieurs, sans doute pour les transplanter ailleurs et s'en procurer l'espèce. Pour parer à cet inconvénient, je les fis garder la nuit, jusqu'à ce qu'étant en pleine sève, il n'y eut plus de motif pour les prendre.

L'hyver suivant, on arracha les épines pour emporter les tuteurs, et on en coupa un grand nombre des plus beaux; comme je les avais planté étant déjà forts, et que j'y avais laissé beaucoup de tête, au bout de trois ans, ils rapportèrent des pommes dont je n'eus pas la satisfaction de voir une seule en maturité : dès la fin de juillet, elles furent abattues à coups de bâton, qui détruisirent l'espérance de l'année suivante, et ce brigandage se renouvelle tous les ans.

De quatre pièces, dont l'une de douze arpents, l'autre de huit, une de sept et enfin une de trois, il ne m'en reste que deux, ayant été obligé, faute de trouver des sujets pour remplacer, d'enlever ceux restant sur les deux dernières pièces, pour regarnir les deux autres, desquels on a déjà coupé et emporté le sixième. D'après mon exposé, on se persuade aisément que les arbres doivent être fort rares dans ce canton. Pour obvier autant que possible à l'inconvénient des hannetons; j'avais planté sur les berges des pièces et les petites parties incultes qui avoisinent mes pommiers, des arbres de différentes espèces, pour faire diversions, ou du moins rendre moins sensible les dégats de ces insectes destructeurs; ils ont été coupés presqu'en totalité, et depuis quatre-vingt onze, je les ai renouvellé à-peu-près six fois.

Un seul fait suffira pour prouver la protection qu'on accorde aux planteurs.

La loi concernant les biens et usages ruraux est du 2 septembre 1791, elle défend expressément l'entrée des bestiaux dans les enclos ruraux, d'en remplir les fossés,

d'en

d'en arracher les haies vives ou séches ; enfin dans tous les cas de délits, la peine est double pour ceux commis dans les enclos.

Au mépris de cette loi, les bergers ne cessent d'y faire paître leurs troupeaux, et les fermiers y introduisent leurs vaches; comme les gardes champêtres ne sont pas dans l'usage de verbaliser sur ces sortes de délits, le hazard m'avait procuré l'occasion d'en surprendre un dans ma pièce de pommiers de 12 arpents, et j'avais des témoins; elle était labourée et prête à ensemencer, les moutons l'avaient parcourue dans presque toute son étendue et avaient broutté l'écorce de onze des plus beaux pommiers. Je citai le propriétaire devant le juge de paix, qui nomma pour experts deux laboureurs, et j'obtins qu'il leur serait adjoint un jardinier; les experts ont décidé que les moutons ne m'avaient fait aucun tort, et qu'il ne m'était dû aucun dédommagement. Le rapport du jardinier disait cependant qu'il y avait onze pommiers dont l'écorce était rongée, et que cela pouvait retarder leur pousse au moins de deux ans; (la vérité est qu'il en périt sept qui joint aux frais de plantation m'ont coûté chacun 4 liv. 10 sous, et qui valait alors plus de 12 liv.) Ce rapport fut reçu et affirmé : mais le juge de paix ne pouvant se dissimuler que, quoique les experts eussent décidé qu'il n'y avait aucun délit, et qu'il ne m'était dû aucun dédommagement, le brouttement des arbres en était un réel ; il fit l'effort de m'accorder vingt sols pour tout dommage et intérêt, et me condamna à une partie des dépens.

Si ce fait n'était point consigné sur les registres du tribunal de paix, quoiqu'exactement vrai, je n'eus jamais osé l'avancer.

Les grandes routes nationales et les autres chemins publics ne sont pas plus respectés.

La loi du 28 août 1792, faite dans l'intention de

conservor, a au contraire donné lieu à un brigandage inconnu jusqu'à cette époque. Cette loi était nécessaire alors; parce que des individus sans la moindre ressource pour payer, se rendaient adjudicataires d'un bien national sur lequel il se trouvait une grande quantité d'arbres qu'ils faisaient abattre, puis disparaissaient avec l'argent qu'ils en avaient tiré; et ce bien était revendu avec une perte réelle pour l'état : mais les termes de cette même loi, prouvent évidemment qu'elle n'était que de circonstance, puisqu'elle dit : « que jusqu'à ce qu'il ait été prononcé relativement aux arbres sur les grandes routes nationales, nul ne pourra s'approprier lesdits arbres et les abattre : leurs fruits seulement, les bois morts appartiendront aux propriétaires riverins, et il en sera de même des émondages, quand il sera utile d'en faire; ce qui ne pourra avoir lieu que de l'agrément des corps administratifs, à la charge par lesdits riverins d'entretenir lesdits arbres et de remplacer les morts, etc ».

Jusques là, les propriétaires et détempteurs avaient fait élaguer les arbres en tems nécessaire, arracher les morts ou mourants, et fait abattre les autres quand ils étaient parvenus à leur entier développement, et quand il y en avait un certain nombre, il fallait demander aux maîtrises une permission qu'elles accordaient toujours : et depuis cette loi, ils ne firent enlever et remplacer que les arbres tout à fait morts, et laissèrent subsister les mourants. Mais les brigands qui ne connaissent point de lois, les enlèvent la nuit en les sciant à un pied de terre environ.

Je connais des propriétaires très-honnêtes, qui ont été cités à la police correctionnel, pour avoir fait arracher les racines laissées par les brigands, en faisant de nouveaux trous pour replanter; de sorte que les routes en général offrent une quantité de lacunes très-préjudiciables au bien public ; parce que les jeunes arbres sont mutilés ou enlevés presqu'aussitôt que plantés.

Depuis deux ans, les pétitions des propriétaires et détempteurs à l'effet d'être autorisés à élaguer, comme d'usage d'après la loi précitee, sont restées sans réponse, et ils ont vu avec surprise, les arbres morts ou mourants marqués du marteau national et leur vente affichée pour le huit brumaire dernier, an 12. Les nombreuses réclamations des propriétaires riverins ont déterminé le sous-préfet à en suspendre la vente à Senlis et à Crépy.

Personne ne conçoit ce qui peut avoir donné lieu à une telle entreprise : car par l'arrêt du conseil du 3 mai 1720, celui du 17 avril 1776, et les ordonnances rendues pour les plantations à faire sur les grands chemins, il est ordonné à tout propriétaire riverin, de planter dans l'année, des arbres sur ses pièces, et qu'à defaut par lui de satisfaire à la loi dans le tems prescrit, les seigneurs hauts-justiciers seront tenus de le faire, ces lois sont sages; car sans elles, les routes fussent restées implantées, du moins en grande partie : mais dans aucun tems, le Gouvernement n'a manifesté l'intention de s'en attribuer la propriété, et chaque propriétaire élaguait et abattait ses arbres quand il le jugeait convenable à ses intérêts, et les routes étaient toujours bien plantées.

Dans la généralité de Paris, le Gouvernement payait aux propriétaires le prix des terres qu'il était forcé de leur prendre pour l'ouverture des nouvelles routes : sans doute ce terrein qui a été remboursé, appartient à l'état : mais il est difficile de croire, et il le serait encore plus de prouver, que celui où les arbres sont plantés et qui fait partie des pièces, ait jamais été compris dans le remboursement.

Les nouvelles routes de Senlis à Crépy, de Crépy à Compiégne, à Nanteuil et à Villert-Cottret, sur lesquelles

les arbres morts ou mourants ont été également marqués et affichés, présentent une violation de propriété plus manifeste.

La construction de ces routes qui ne sont que des chemins de traverses peu fréquentés, a été commencée il y a environ 35 ans, celle de Compiégne n'est encore qu'ébauchée, puisqu'il reste sur cinq, environ quatre lieues de mauvais chemins, et des montagnes impraticables pour les voitures; et qu'à l'exception de quelques parties de celle de Nantheuil, les autres ne sont qu'un mauvais cailloutage. Elles ont toutes été faites à la corvée, les habitans de Crépy y ont tous contribué ou de leurs bourses ou de leurs bras; le terrein a été pris sur les propriétaires qui n'ont jamais reçu la moindre indemnité, et les arbres ont été plantés et épinés à leurs frais par le subdélégué de l'intendant de Soissons, qui était chargé de la conduite des travaux et des plantations; beaucoup de propriétaires en conservent encore les quittances dont ils peuvent justifier.

Sans doute le gouvernement est trop éclairé et trop juste pour autoriser un abus aussi attentatoire au droit sacré de propriété : mais ces sortes d'abus inquiétent les propriétaires dont le Gouvernement doit avoir toute la confiance, et les privent sans raison de la jouissance de leurs propriétés, dont les brigands s'emparent impunément; enfin, la trop longue attente des décisions augmentent le mal, parce qu'en dégoutant de faire de nouvelles plantations, les anciennes se détruisent insensiblement, et nous font perdre une ressource, qu'il est du plus grand intérêt non-seulement de conserver, mais d'augmenter par tous les moyens possibles.

D'ailleurs, il faut considérer que les arbres font à la culture un tort considérable, parce que les racines qui s'étendent au moins à cinquante pas dans les terres, en dévorent toute la substance ; de sorte que, malgré les meilleurs engrais, la récolte est toujours à-peu-près nulle à cette distance, et que les arbres ne sont qu'un bien faible dédommagement de cette perte annuelle qui est inévitable.

Mais en supposant que le gouvernement eût remboursé le terrein, et fait à ses frais toutes les plantations, tant sur les grandes routes nationales, dites ci-devant royales, que sur toutes les autres routes quelconques, et même celui où les arbres sont plantés; serait-il de l'intérêt de l'état de se réserver la jouissance des arbres? Il est facile de démontrer que la saine politique devrait déterminer le Gouvernement pour la négative.

Abstraction faite des routes des environs de Paris à une certaine distance, toutes les autres présentent en général des lacunes considérables; indépendamment des petits vuides qui quoique moins apparents, mais souvent répétés, exigent une prodigieuse quantité d'arbres de remplacement de toutes espèces. Or, si l'on réfléchit qu'il n'existe plus de pépinières, on se convaincra sans peine, que quelques puissent être les efforts du Gouvernement, il lui est impossible de commencer à remplacer avant dix ans : car le premier pas à faire, est d'en établir de nouvelles, les terreins des anciennes étant vendus, il faudra s'en procurer de nouveaux. Qu'on calcule les dépenses énormes qu'occasionneront ces achats, les travaux préparatoires, les engrais préalables, les semis de toutes espèces, les salaires des jardiniers pépiniéristes et de leurs ouvriers; on verra que toutes les dépenses absorberont d'avance beaucoup au-delà du produit des arbres, en les supposant même à l'abri de tout inconvénient.

L'intérêt particulier qui est le premier mobile de la conduite des hommes se trouvant ici parfaitement d'accord avec l'intérêt général; il est donc de la sagesse des Gouvernemens de conserver ce précieux mobile, base unique du maintient et de la prospérité des états. Or, comme les arbres des routes nuisent réellement à la culture, on ne peut se dissimuler que les détempteurs des terres ont un intérêt particulier à les détruire ; et que quelque surveillance qu'on puisse exercer, il sera impossible de les en empêcher. On les en rendra garants et on les obligera de remplacer ! Mais la dépense de quelques arbres, tous les trois ou quatre ans, sera un leger sacrifice qu'ils feront volontiers, pour préserver leurs terres de la voracité des racines des grands arbres ; et l'expérience démontre que cette manœuvre n'est que trop efficace.

Si au contraire, les propriétaires des terres l'étaient aussi des arbres, ils auraient intérêt de conserver leur chose, ils surveilleraient leurs fermiers, les en rendraient responsables : ceux-ci, dans la crainte de déplaire à leurs propriétaires et d'être expulsés de leurs fermes, loin de les endommager, feraient tous leurs efforts pour les conserver. Sans ce moyen, les routes présenteront toujours des lacunes plus ou moins grandes, et les arbres se succéderont toujours sans jamais être utiles.

Comme les arbres d'alignemens sur les routes sont en même tems et d'utilité et d'agrément public, un réglement à cet égard, qui remplirait ce double but, serait reçu avec intérêt et reconnaissance.

Car, la permission accordée d'abattre les arbres, lors même de leur parfaite maturité, ne peut empêcher les vuides qui déparent les routes encore long-tems apres ces abattis.

Je suis propriétaire sur le grand chemin de Crépy à Senlis, d'une petite portion d'arbres qui sont en bon terrein, et d'une autre à-peu-près égale sur celle de Crépy à Nantheuil, dont le terrein est sabloneux ; j'ai essayé de donner sur ces deux petites parties, l'exemple d'un moyen qui pare à cet inconvénient et offre un avantage réel pour le produit.

L'expérience a démontré à tous les observateurs, que des arbres abattus après leur entier accroissement, ayant épuisé le terrein de presque toutes les molécules organiques nécessaires au développement des individus de la même espèce, ceux qui les remplacent, croissent très-lentement, grossissent peu, et qu'avec le double de tems, ils ne parviennent jamais à la hauteur des premiers.

J'ai planté, il y a dix ans, un frêne entre deux ormes, sur le terrein le meilleur, et sur l'autre alternativement un frêne et un des peupliers dont j'ai parlé; le peu de ces arbres qui ont échapé à la dévastation ont supérieurement réussi, et l'on peut dans ce moment abattre les ormes anciens, sans pour ainsi-dire qu'on s'en aperçoive.

Un réglement qui défendrait d'abbattre les arbres des routes, avant d'en avoir planté un entre deux anciens, dix ans d'avance, suivant la nature des terreins, et les espèces que fournit le pays où l'on plante, procurrait un bénéfice de dix ans de crue et ne laisserait jamais les routes dégarnies; en observant bien entendu de toujours planter entre les deux autres une espèce différente; parce que, comme je l'ai déjà dit, chacune ne tirant de la terre, que les sucs qui lui sont analogues, elles ne peuvent réciproquement se nuire.

Comme cet objet présente un grand intérêt général, il faudrait que le même réglement défendit aux planteurs, de jamais couper la tête des frênes, ce qui non-seulement leur est très-préjudiciable pour la crue, mais encore très-nuisible, lors de l'emploi de ce bois si précieux pour le charronage : car, quoique la coupure soit parfaitement recouverte, les couches ligneuses ayant été interrompues par cette opération, les brins de voiture qu'on prend dans cette partie, cassent toujours.

Les peupliers d'aucune espèce ne doivent jamais être coupés en tête, tous ceux qui l'ont été, forment pour la majeure partie une tête en pommier et ne filent jamais bien haut. Les ormes mêmes, ne doivent jamais l'être qu'à une certaine hauteur, on doit toujours y laisser quelques branches perpendiculaires avec quelques bourgeons, pour recevoir la sève; parce que l'expérience démontre, que sans cette précaution, il périt plus du tiers, de ceux qu'on plante en coupant la tête, sur-tout, s'ils sont un peu vieux de pépinière; parce que la sève ne pouvant percer une écorce trop dure, se ravale et fait périr l'arbre, ou bien elle fait éruption si bas, qu'il n'est plus d'aucune utilité; au lieu que trouvant des bourgeons sur les jeunes branches directes, ainsi que je l'ai tant de fois éprouvé, elle est reçue sans difficulté; et j'en ai planté de cette manière, souvent trois à quatre cents en même temps, sans qu'il en manquât un seul : d'ailleurs, cela avance l'arbre de plusieurs années. La méthode est la même pour les arbres à fruits.

Il est bon d'observer encore que ceux qui plantent un arbre ont en général l'habitude machinale de faire un trou de plusieurs pieds quarré dans l'épaisseur du terrein, sans examiner sa nature; et ils le font indifféremment dans la bonne terre, dans les tufs, les marnes et les terreins calcaires, sans réfléchir que les trois dernières espèces n'offrent qu'une caisse, qui, fut-elle remplie de la meilleure terre, sitôt que les racines de l'arbre en ont atteint les parois, fait qu'il cesse de végéter, se courronne et meurt nécessairement faute de moyen de s'étendre.

Dans ces terreins, il ne faut faire le trou que de la profondeur du peu de terre qui se trouve à la superficie, et en laisser au fond environ deux pouces, pour asseoir les racines desquelles il faut absolument couper le pivot et planter en butte, qu'on forme la plus haute possible

avec

avec la terre des environs, et en forme de bassin pour recevoir l'eau de la pluie; de cette manière les racines s'étendent à la superficie, et l'arbre profite en peu de tems.

J'en ai planté ainsi sur ces diverses terreins, il y a onze à douze ans, qui dans ce moment portent de vingt à vingt-six pouces de circonférence sur trente à quarante pieds de hauteur; j'étais le seul confiant dans mon opération, les ignorans s'en moquaient, et les gens sensés doutaient du succès; mais l'expérience a justifié mes vues, et constaté le fait que tout le monde peut vérifier; avec ces précautions, il n'éxiste pas de mauvais terreins, et en plantant des espèces analogues au sol, nos routes ne présenteraient nulle part la moindre lacune, et donneraient des produits réels.

On fait ordinairement des fossés entre les arbres et les pièces de terre; mais les déblais de ces mauvais terreins ne pouvant que gâter celles sur lesquelles on les jette, hé bien! répandus à la superficie de celui où se trouvent les arbres, il sera pour eux de la plus grande utilité, parce que la pluye, la gelée, la neige et le soleil les feront fondre en partie, et les rendront perméables: d'ailleurs l'expérience prouve que, quelques mauvais que puissent être les terreins rapportés, ils sont toujours favorables au développement des racines.

L'exécution de ce réglement en forme d'instruction, confiée aux maires des communes, ne coûterait rien au Gouvernement, et il n'y aurait jamais de difficulté pour l'abattage des arbres; parce qu'en obligeant le planteur d'avertir le maire, du jour où il planterait entre deux, et d'en tirer un certificat; les dix années expirées, le maire accorderait la permission qui serait de droit.

Pour parvenir à un but si désirable, il faudrait ordonner aux propriétaires de remplacer sous deux ans tous les arbres manquants, et à défaut par eux de satisfaire à la loi, autoriser les maires à le faire au profit des communes : il est bien certain que ce moyen remettrait bientôt les routes dans l'état le plus florissant, et que, comme les arbres sont extrêmement rares, et par conséquent très-chers, chacun s'efforcerait d'en élever dans des coins de jardins ou autres endroits, pour en avoir toujours de disponibles au besoin ; ce qui procurerait un bien inappréciable.

En finissant, je dois faire part d'une observation qui est particulière au dépérissement des ormes. Ces arbres, jusqu'il y a environ trente ans, avaient toujours prospéré dans l'arrondissement de Senlis, (je ne parlerai que de celui-là, parce que je n'ai pas fait d'observations au-delà : quoique je sache cependant que le mal est très-répandu) ; mais depuis vingt ou vingt-cinq ans ils sont attaqués par un gros insecte de la forme d'une chenille, il est de couleur brune, et en marchant, (car il a des pattes) le mouvement des annulaires fait paraître une partie jaunâtre qui semble en former une même quantité de cette couleur, sa longueur et sa grosseur me paraissent varier, suivant les différents âges, il y en a depuis deux pouces jusqu'à cinq, j'en ai vu un, et c'est le seul, qui cependant en avait six, il était de la grosseur du petit doigt, celle des autres est dans la même proportion en raison de la longueur : il a plus de consistance que les chenilles ordinaires ; car on l'écrase assez difficilement, il est armé de dents en forme de scie, au moyen de laquelle il perce les ormes de part en part, dans tous les sens du bas en haut. Son existence dans les arbres se manifeste, par des abreuvoirs desquels on voit suinter une matière sale et de mauvaise odeur, qui n'est autre chose qu'une partie de la sève, qui détournée de la circulation, se corrompt nécessairement : l'abondance de cette matière dépend de la profondeur des plaies et du nombre de ces animaux réunis dans l'intérieur de l'orme ; on voit souvent de ces abreuvoirs qui, du milieu ou du haut de l'arbre, coulent jusqu'à terre, et il y en a d'assez vigoureux pour résister long-tems au mal. J'en vois tous les jours dont l'écorce est enlevée et le tronc carié à plusieurs endroits en même tems, et dont les branches poussent encore assez vigoureusement, et cela arrive toutes les fois que l'arbre n'est pas tout-à-fait ceinturé, et que la sève trouve encore des issues pour monter jusqu'à la cime ; aussi, ces insectes ne l'abandonnent-ils, que quand elle est absolument épuisée et qu'il se dessèche.

Les premières parties des quatre nouvelles routes dont je viens de parler, et dont l'une plantée depuis trente-six ans, est déja presqu'entièrement détruite, et il est certain, qu'avant six ans, il ne restera plus de cette première plantation, un seul de ces ormes qui étaient devenus très-beaux et qui tous sont péris sans avoir été de la moindre utilité, ceux qu'on a replantés sont déjà attaqués, et les autres routes, quoique beaucoup plus nouvellement plantées, nous annoncent les mêmes résultats par la même cause.

On assure que cet animal nous a été apporté d'Amérique, par les vaisseaux, dans le bois desquels il s'insinue ; et cela paraît d'autant plus probable, qu'on calfate presque toujours ceux qui arrivent de cette partie du globe, pour t er les vers ; et mettre à découvert les piqûres qu'ils peuvent avoir fait aux bordages ; tout ce que je puis dire, c'est que j'ai parcouru l'histoire des insectes de plusieurs naturalistes, et que je n'ai vu dans aucun, rien qui put me faire reconnaître celui dont il est question. Les progrès de ce mal ont été lents, sans doute, parce que le nombre de ces chenilles était plus petit, et que ses effets ont augmenté, en raison de leur multiplication. J'ai cherché à connaître leurs moyens de propagation, j' n'ai jamais pu en trouver aucun indice. Leur forme de chenille semblerait indiquer des méthamorphoses ; j'ai souvent enlevé des écorses qui recouvraient les énormes trous qu'elles avaient percés dans l'interieur des arbres, je n'ai jamais trouvé ni chrysalides ni œufs.

Mon ignorance à cet égard, peut bien en être la cause : mais d'après mes indications, les naturalistes pourront l'observer avec plus de succès ; et il serait bien à désirer que le Gouvernement chargeât quelqu'un de cette recherche, pour faire cesser, s'il est possible, un mal qui croît chaque année, d'une manière toujours plus alarmante.

Une chose assez remarquable, c'est qu'il y a plusieurs petits cantons peu éloignés des autres qui sont exempts de ce fléau ; cela autant que j'ai pu le remarquer, vient de ce que cet insecte ne quittant un arbre, que quand il est absolument épuisé et pour ainsi-dire desséché, n'attaque que celui qui en est le plus voisin ; et ainsi de proche en proche : cela indiquerait qu'en abattant ceux dont ils se sont emparés, on éviterait la perte des autres, en détruisant le mal dans sa source. Le gros de six pouces que j'ai vu, quittait un de ces arbres pour en attaquer un autre, au pied duquel je l'ai trouvé, commençant à ronger l'écorce pour s'y procurer une entrée.

J'ai aussi remarqué avec quelque surprise, qu'aucun orme franc, (connu par les charrons sous le nom de tortillard, et qui sert à faire les moyeux des roues,) n'est jamais attaqué par cette chenille ; je crois qu'on ne peut en attribuer la cause, qu'à l'excentricité extraordinaire de ses couches ligneuses et à son extrême densité, qui l'empêche d'y mordre. Il n'attaque pas non plus les frênes plantés sur la même ligne et tenant aux ormes qu'il abandonne, la raison m'en parait aussi simple ; d'abord l'écorce de ces arbres qui est mince et lisse ne lui offre pas d'asile jusqu'à ce qu'il ait pu pénétrer dans l'intérieur du bois, et il y a lieu de croire que le principe résineux qu'ils contiennent, n'est pas de son goût : on pourrait, en abattant les ormes que ces vers ont détruits, les remplacer par ces deux espèces, dont la première est très-précieuse et très-rare.

La cause de cette rareté est toute naturelle, la graine de cet arbre ne produit que de l'orme ordinaire, et ce n'est que par les drageons qui sortent de ses racines, qu'on peut en propager l'espèce : on conçoit que tous ceux qui sont plantés sur les routes et dans tous les endroits exposés au parcour des troupeaux, n'en fournissent aucun; puisqu'ils sont rongés et détruits par les moutons qui sont très-friands des jeunes pousses et de l'écorce des jeunes ormes en général. Or, il n'y a donc que ceux plantés dans des enclos particuliers qui puissent en fournir; comme ces arbres parviennent à une grosseur considérable, et qu'ils tiennent beaucoup d'espace, il faudrait des parcs immenses pour s'en procurer une quantité suffisante afin de les rendre plus communs et moins chers.

En parcourant la forêt de Villert-Cotret, le fossé dont elle est environnée, m'a fournit l'idée d'un moyen très-simple, pour en obtenir sans frais, telle quantité qu'on voudrait.

Peu d'années avant la révolution, le ci-devant duc d'Orléans, pour clore cette forêt, avait fait faire un très-large fossé; il paraît que d'accord avec les propriétaires riverins, ou du moins, sans opposition de leur part, il prit ce fossé sur leur terrein et le fit à ses frais, dont il fut indemnisé et beaucoup au-delà par les arbres qui se trouvèrent sur la ligne.

En examinant ce fossé, j'observai que malgré les déblais qui avaient été jettés du côté de la forêt et qui formaient un terrein tout neuf, il n'y avait cru que des ronces et des épines; je pense qu'en les faisant arracher pour y planter des ormes francs, cette espèce qui croît très-promptement, et dont l'éruption des racines fournit ordinairement une très-grande quantité de drageons, en fournirait encore beaucoup plus, parce que leurs extrémités seraient plus exposées à l'action de l'air et du soleil à cause de la pente du fossé qui leur en faciliterait les moyens.

On pourrait planter d'abord ces arbres à de grandes distances : car comme les racines s'étendent considérablement, on aurait assez de drageons pour replanter, et en laisser tel nombre qu'on voudrait pour garnir les fossés à des distances très-rapprochées.

Il me semble qu'un pareil fossé fait sur le pourtour de toutes nos forêts, nous fournirait non-seulement du plant, mais une quantité d'ormes francs qui augmenteraient de beaucoup et en peu de tems le produit des bois.

Convaincu par l'expérience de l'efficacite des moyens que je propose, je puis assurer avec confiance, qu'en les employant pour les plantations particulières, en même tems qu'elles augmenteraient la masse des richesses nationales qui est le but où doivent tendre tous les soins du Gouvernement, elles procureraient des ressources infinies dans les circonstances actuelles : d'ailleurs cette efficacité est démontrée par des observations et des faits d'autant plus certains, que tout le monde peut en vérifier l'exactitude.

Il suffit donc pour en tirer tout le fruit qu'on peut en attendre, de faire cesser les dévastations, et pour faire renaître la confiance et encourager les planteurs, de leur accorder une protection bien constante et bien décidée.

Affligé des maux dont j'étais et le témoin et la victime, j'avais soumis à la Convention Nationale un projet qui devait nécessairement être utile sous plusieurs rapports, avait été adopté, mais les révolutions qui se sont succédées avec tant de rapidité ayant fait oublier et le mal et le remède, les désordres ont toujours continué jusqu'à ce jour.

Ce projet avait paru d'autant plus avantageux, qu'il n'augmentait en rien les dépenses du Gouvernement ni celles des particuliers, et qu'il assurait les propriétés rurales.

Il y avait avant la réunion des nouveaux départemens à la France, environ quarante-six mille communes, on peut, sans se tromper de beaucoup, les évaluer aujourd'hui à cinquante-quatre mille.

Il y a un très-grand nombre de deffenseurs de la patrie qui, jeunes encore, sont privés de l'usage d'un bras, ou d'un œil, ou qui ont reçu des blessures qui ne les empêchent pas de marcher. Ces deffenseurs reçoivent des pensions du Gouvernement ; et on ne peut se dissimuler qu'elles sont insuffisantes pour faire subsister ceux qui n'ayant aucune fortune, ne peuvent exercer aucune profession. Les fermiers payent au garde-champêtre de chaque commune, une somme qui leur procure les moyens de vivre : en ajoutant cette somme à la pension de ces invalides, il est certain qu'on leur procurerait une existence plus aisée, et qu'on rendrait à la culture et aux autres professions, cinquante-quatre mille ouvriers. Ces invalides sous le nom de garde militaire rurale devaient avoir des officiers pour les commander et les surveiller ; on ne peut douter que le service ordonné de sorte que ces militaires fussent toujours en activité, ils n'en imposassent aux brigands : car les gardes-champêtres qui ne sortent de chez eux qu'à des heures marquées, qui en ont de fixes pour leurs repas, et qui enfin ne sont surveillés par personne, leur laissent le choix des momens pour commettre toute sorte de délits.

D'ailleurs on peut supposer avec quelque fondement ; que l'affinité et les liaisons particulières sont la source de bien des abus.

Tel était en substance ce projet qu'il serait si intéressant de réaliser ; on ne peut douter qu'en faisant cesser le brigandage, il ne fut en même tems très-avantageux pour la sûrete individuelle dans les campagnes, et qu'il ne prévint bien des malheurs et même de grands crimes qui sont très-fréquents.

FIN.

www.ingramcontent.com/pod-product-compliance
Lightning Source LLC
LaVergne TN
LVHW020044170826
845678LV00001B/425